中国科学技术大学数学教学丛书

线 性 代 数 五 讲

龚 昇 编著

科学出版社

北 京

内 容 简 介

本书从现代数学，尤其是模的观点来重新审视与认识线性代数，讨论了向量空间、线性变换，在着重研究了主理想整环上的模及其分解后，来重新理解向量空间在线性算子作用下的分解，使读者从高一个层次上来认识线性代数.

本书适合理工科专业的大学生、研究生、教师以及数学爱好者使用.

图书在版编目（CIP）数据

线性代数五讲/龚昇编著. —北京：科学出版社，2005
（中国科学技术大学数学教学丛书）
ISBN 978-7-03-014032-6

Ⅰ.线… Ⅱ.龚… Ⅲ.线性代数-高等学校-教学参考资料
Ⅳ.O151.2

中国版本图书馆 CIP 数据核字（2004）第 088833 号

责任编辑：李鹏奇 姚莉丽/责任校对：包志虹
责任印制：赵 博/封面设计：陈 敬

科 学 出 版 社 出版
北京东黄城根北街16号
邮政编码：100717
http://www.sciencep.com

北京天宇星印刷厂印刷
科学出版社发行 各地新华书店经销

*

2005 年 2 月第 一 版 开本：720×1000 1/16
2024 年 12 月第五次印刷 印张：7 1/2
字数：92 000

定价：29.00 元
（如有印装质量问题，我社负责调换）

前　　言

从现代数学的观点来重新审视与认识数学基础课是数学教育现代化的重要途径.

外微分形式使微积分从古典走向现代,而模的理论使线性代数从古典走向现代.这本小书就是从模的观点来重新审视与认识线性代数.本书不是大学数学基础课线性代数的教材,读者的对象是已经念过线性代数与近世代数这两门基础课的大学生,希望他们阅读过这本小书后,能在高一个层次上来认识线性代数.

线性代数是研究线性空间(向量空间)、模和其上的线性变换以及与之有关的问题(如线性、双线性、二次函数等)的数学学科.在本书的第一讲中介绍了向量空间、线性变换以及其它一些基本概念;在第二讲中讨论了向量空间以及其上的线性泛函与对偶空间,其上的双线性形式、二次型及度量向量空间,正交几何与辛几何的分类,还有大家十分熟悉的内积空间;第三讲中讨论了向量空间上的线性变换以及与之相关伴随算子及内积空间上的共轭算子;第四讲与第五讲是本书的主要部分,是用模的观点来重新审视与认识线性代数.在第四讲中定义了环上的模,尤其着重讨论了主理想整环上的模及其分解定理.若 F 是域,则 F 上的多项式环 $F[x]$ 是主理想整环;若 V 是域 F 上的向量空间,给定 V 上的一个线性变换 τ 后,可以定义数乘,使得 V 可以看作主理想整环 $F[x]$ 上的模.从这个观点可以将第四讲中关于主理想整环上的模的理论与定理,"翻译"成为向量空间中的理论与定理,而这些内容正是大家在大学数学基础课线性代数中熟悉的主要内容,但这已是从更高一个层次,从模的观点来重新审视与认识它们了.

我要深切感谢上海交通大学章璞教授、中国科学技术大学李炯生教授、赵林城教授和北京师范大学张英伯教授,他们先后分别认真地阅读了本书的书稿,并提出了十分宝贵的意见,他们花了很多精力,对书稿反复修改使本书增色不少. 我也要深切感谢程艺、叶向东、陈发来与刘太顺教授对本书的关心与支持. 科学出版社杨波、李鹏奇与姚莉丽等同志为本书出版作了很大的努力, 使我感激不尽. 我还要感谢余华敏小姐为精心打印本书所付出的辛勤劳动.

　　这本小书中的错误与不妥之处一定不少, 还望读者不吝赐教.

龚　昇

2004 年 6 月于北京玉海园

目　　录

第一讲 引 言

1.1 线性代数所研究的对象

什么是线性代数？它所研究的对象是什么？

要说清楚这点，先得弄清楚什么是代数. 而代数的定义是随着时代的变化而不断的变化的，不妨十分简略地回顾一下.

小学里学习的数学叫算术，主要是讨论数字的一些运算，这些内容人们很早就已经知道，并沿用了几千年，直到后来，产生了"数字符号化"，才彻底改变了这种状况. "数字符号化"就是用符号代替数字. 这件事在我国发生在宋元时代（约 13 世纪五六十年代），当时有"天元术"和"四元术". 也就是将未知数记作"天"元，后来将两个、三个及四个未知数记作"天"、"地"、"人"、"物"等四元，也就是相当于现在用 x、y、z、w 来表达四个未知数. 有了这些"元"，也就可以解一些代数方程与联立方程组了. 在西方，彻底完成数字符号化是在 16 世纪. "数字符号化"的产生标志着代数学"史前时期"的结束和代数学的诞生. 它包括了一元二次方程的求解，多元（一般为二元、三元至多四元）一次方程组的求解等. 而这些正是目前中学代数课程的内容. 从 17 到 18 世纪中期，代数被理解为在代数符号上进行计算的数学，如解三次、四次代数方程，给出了这些方程的解法及根的具体表达式，建立了一些代数恒等式如二项式定理等. 从 18 到 19 世纪代数学的首要问题是求代数方程

$$a_0 x^n + a_1 x^{n-1} + \cdots + a_n = 0 \tag{1.1.1}$$

的根式解，即推导出由方程的系数经加、减、乘、除及开方所构成的公式来表示方程的根. 在已知一次、二次、三次及四次代数方程的根式解后，不知多少人企图找出五次以及更高次代数方程的根式解，但都以失败告终. 直到 1770 年， J. Lagrange(1736～1813) 看到了五次及高次方程

不可能做到这点. 又过了半个世纪, 1824 年 N. Abel(1802~1829) 解决了
这个问题, 即对于五次和五次以上一般方程求根式解是不可能的. 但什
么样的代数方程能根式可解, 这是 1830 年由 E. Galois(1811~1832) 彻底
解决的. 他证明了: 方程根式可解当且仅当它的 Galois 群可解.   Abel
与 Galois 不仅解决了三百年来无法解决的著名难题, 更重要的是: 他们
为了解决这个难题, 建立起 "域" 与 "群" 的概念, 为后来近世代数的
产生作了准备. 与此相关的问题是要证明方程 (1.1.1) 的根的存在性. 即
如方程 (1.1.1) 的系数是复数, 则至少有一个复根. 这就是著名的代数基
本定理. 18 世纪末, C. F. Gauss(1777~1855) 给出了这个定理的证明.
从 19 世纪中叶, 代数学最终从方程式论转向代数运算的研究. 代数学
及代数运算的一般理论与近代观点于 20 世纪初在 D. Hilbert(1862~1943),
E. Steinitz(1871~1928), A. E. Noether (1882~1935), E. Artin(1898~1962)
等人的影响下得以明确.

　　近世代数的主要内容是集合及这些集合上的代数运算. 集合本身和
作为代数运算的载体的集合是不加区分的, 故实质上研究的是代数运算
本身. 说更仔细一些, 考虑非空集合 S 上一个或几个二元运算. 运算作
用在集合两元素之间得到的元素仍在集合中, 对集合施行运算要适合一
些法则 (或称公理), 则集合对于运算成一**代数结构**. **研究代数结构的性
质就是近世代数的内容与任务**. 主要的代数结构有: 群、环、体、域、模
等等, 这将在下一节中仔细定义之.

　　特别要强调的是: 研究一个代数结构, 除了了解它的内部构造和结
构性质外, 一个重要而基本的方法是研究这个代数结构的表示, 或这个
代数结构上的模. 例如一个群上的模, 粗略地说, 就是这个群在一个向
量空间上的作用, 作用的效果如何当然反映出这个群本身的性质; 而一
个环上的模, 粗略地说就是这个环在一个 Abel 群上的作用. 模本身既可
以看成是一个代数结构, 更重要的, 它是一个代数结构在另一个代数结
构上的作用. 因此, 可以说, **现代代数学的两大主题是结构与表示理论**.

　　线性代数是研究线性空间（向量空间）、模和其上的线性变换以及与之有关的问题（如线性、双线性、二次函数等）的数学学科. 也就是说，此时，代数结构是线性空间. 仅仅讨论线性空间的结构性质是不够的，还要考虑线性变换在其上的作用. 从表示论的观点看，带有线性变换的线性空间成为主理想整环上的模. 这就是本书希望用模的观点来考虑线性代数的出发点.

　　从这里还可以看出，线性代数所研究的是：线性空间；模是线性空间的扩充；作用在线性空间上的线性变换，大致上说，线性变换就是将一个线性空间映到另一个线性空间，且保持线性空间中运算的映射；定义在线性空间上的线性泛函及其推广双线性形式，而二次型不过是双线性形式的特例. 因此，可以说"线性"是线性代数的灵魂，线性代数只考虑"线性"的问题，而"非线性"的问题不在讨论之列.

1.2　主理想整环

回顾一下一些重要的代数结构的定义.

1. 群 (group)

这是最基本、最重要的代数结构.

群是一非空集合，其上有一个二元运算 $*$ 满足：

1)（封闭性）对所有 $a, b \in G$, 则

$$a * b \in G;$$

2)（结合律）对所有 $a, b, c \in G$, 则

$$(a * b) * c = a * (b * c);$$

3)（有单位元） G 中存在一元素 e , 使得对任意 $a \in G,$ 都有

$$e * a = a * e = a;$$

4)（有逆）对 G 中每一元素 a, 存在 G 中的元素 a^{-1}, 使得

$$a * a^{-1} = a^{-1} * a = e .$$

若群还满足

5)（交换律）对所有 $a, b \in G$, 有

$$a * b = b * a ,$$

则称 G 为 **Abel 群**或**交换群**. 此时运算 $*$ 称为加法, 并用 $+$ 来替代.

若集合 G 只满足 1) 及 2), 则称 G 为 **半群** (semi-group).

2. 环 (ring)

环是一非空集合 R, 有两个二元运算, 加法 (记作 $+$) 及乘法 (用毗连表示) 满足

1) R 对加法成 Abel 群;

2) R 对乘法成半群;

3)（分配律）对所有 $a, b, c \in R$, 则

$$(a + b)c = ac + bc \quad 及 \quad c(a + b) = ca + cb .$$

若环 R 还满足

4)（交换律）对所有 $a, b \in R$, 有

$$ab = ba,$$

则称 R 为交换环. 若环 R 中有元素 e, 使得

$$ae = ea,$$

则称 R 为有单位元 (identity) 的环, 单位元记作 1.

本书中讨论的大多数环为有单位元的交换环.

使 $c1 = 0$ 的最小的正整数 c, 称为 R 的特征 (characteristic). 若没有这样的 c, 则称 R 的特征为 0.

3. 整环 (也叫整域 (intergral domain))

R 为交换环, 非零元素 $r \in R$ 称为零因子 (zero divisor), 如果存在非零元素 $s \in R$, 使得 $rs = 0$.

一个无零因子的有单位元的交换环称为整环.

与之等价的说法是:

一个满足消去律 (cancellation law) 的有单位元的交换环称为整环.

消去律是: 若 $x, y, r \in R, r \neq 0$, 则 $rx = ry$ 导出 $x = y$.

4. 体 (也叫除环 (division ring) 或拟域 (skew field))

一个有单位元的环称为体, 如果所有非零元素全体对乘法成群. 也就是有除法的有单位元的环.

5. 域 (field)

可交换的体称为域.

6. 主理想整环 (principal ideal domain)

若 R 是环, R 中的一个子集 I 称为 R 的 **理想**(ideal), 若满足

1) I 对 R 中的加法成 Abel 群;

2) 若 $a \in I$, $r \in R$, 则 $ar \in I$ 及 $ra \in I$.

如果将条件 1) 易以

1') 对 I 中任意两个 a, b, 则 $a - b \in I$.

易证条件 1'), 2) 与 1), 2) 等价. 有些书上用条件 1'), 2) 来定义理想.

若 R 为有单位元的交换环, S 为 R 的一个子集, 则集合

$$\langle s_1, \cdots, s_n \rangle = \{r_1 s_1 + \cdots + r_n s_n | r_i \in R, s_i \in S\}$$

为 R 的一个理想, 称为由 S 生成 (generated) 的理想. 称由一个元素 a 生成的理想

$$\langle a \rangle = \{ra | r \in R\}$$

为由 a 生成的**主理想**(principal ideal).

每一个理想都是主理想的整环称为主理想整环.

今后讨论将着重在主理想整环上进行, 因此要再多说几句.

整数全体 **Z** 是整环, 且也是主理想整环. 这是因为 **Z** 的任一理想 I 是由 I 中的最小正整数 a 生成.

若 F 为域, 所有系数在 F 上的单变量多项式的集合 $F[x]$ 是一个有单位元的交换环. 若 $p(x), q(x) \in F[x]$, 且 $p(x)q(x) = 0$, 则有 $p(x) = 0$ 或 $q(x) = 0$, 故 $F[x]$ 还是一个整环. 不但如此, 要证明以下一条十分重要且有用的定理.

定理 1.2.1 $F[x]$ 是主理想整环.

证 若 I 是 $F[x]$ 的理想, $m(x)$ 是 I 中最低次的首一多项式 (monic polynomial), 即首项系数为 1 的多项式. 首先看出, 在 I 中, 这样的多项式是唯一的. 若还有另一个首一的多项式 $n(x)$, 且 $\deg n(x) = \deg m(x)$, 则

$$b(x) = m(x) - n(x) \in I.$$

将 $b(x)$ 乘以其最高次项系数的逆, 得一首一多项式 $b_1(x)$, 而 $b_1(x) \in I$, 但 $\deg b_1(x) = \deg b(x) < \deg m(x)$, 故 $b_1(x) = 0$, 因此 $b(x) = 0$, 即 $m(x) = n(x)$.

现在来证 I 由 $m(x)$ 生成.

因为 I 是理想, $m(x) \in I$, 故 $\langle m(x) \rangle \subset I$. 来证反方向包含关系. 若 $p(x) \in I$, 则 $p(x)$ 用 $m(x)$ 相除, 得到

$$p(x) = q(x)m(x) + r(x),$$

这里 $r(x) = 0$ 或 $0 \le \deg r(x) < \deg m(x)$. 由于 I 是理想, 故

$$r(x) = p(x) - q(x)m(x) \in I.$$

将 $r(x)$ 乘以其最高次项系数的逆, 得一首一多项式 $r_1(x)$, 而 $r_1(x) \in I$, 故 $0 \le \deg r_1(x) = \deg r(x) < \deg m(x)$. 由于 $m(x)$ 的次数的最小性, 所以, $r_1(x) = 0$, 故 $r(x) = 0$, 即

$$p(x) = q(x)m(x) \in \langle m(x) \rangle.$$

这就证明了 $I \subset \langle m(x) \rangle$. 因此, $I = \langle m(x) \rangle$, 定理证毕.

还可以证明如下命题.

命题 1.2.1 若 $p_1, \cdots, p_n \in F[x]$, 则

$$\langle p_1, \cdots, p_n \rangle = \langle \gcd\{p_1, \cdots, p_n\} \rangle,$$

这里 $\gcd\{p_1, \cdots, p_n\}$ 为 $p_1, \cdots, p_n$ 的最大公因子.

证 令 $I = \langle p_1(x), \cdots, p_n(x) \rangle$, 由定理 1.2.1 知, 有 I 中唯一的一个最低次的首一多项式 $m(x)$, 使得 $I = \langle m(x) \rangle$. 由于 $p_i(x) \in \langle m(x) \rangle$, 故有多项式 $a_i(x) \in F[x], i = 1, \cdots, n$, 使得

$$p_i(x) = a_i(x)m(x), \quad i = 1, \cdots, n.$$

因此, $m(x) | p_i(x), i = 1, \cdots, n$, 即 $m(x)$ 是 $p_1(x), \cdots, p_n(x)$ 的公因子.

若有 $q(x) | p_i(x), i = 1, \cdots, n$, 则 $p_i(x) \in \langle q(x) \rangle, i = 1, \cdots, n$. 由于 $\langle p_1(x), \cdots, p_n(x) \rangle$ 是包有 $p_1(x), \cdots, p_n(x)$ 的最小理想, 故

$$\langle m(x) \rangle = \langle p_1(x), \cdots, p_n(x) \rangle \subset \langle q(x) \rangle.$$

因此 $m(x) \in \langle q(x) \rangle$, 即 $q(x) | m(x)$, 故 $m(x)$ 为 $p_1(x), \cdots, p_n(x)$ 的最大公因子.

值得提到的是: 由两个变数 x 与 y 的多项式的全体组成的多项式环 $R = F[x, y]$ 是整环, 但不再是主理想整环.

下面来证另一个有用且重要的主理想整环上的素元因子分解定理.

先给出一些定义. 设 R 是整环.

1) $r, s \in R$, 称 r **可除**(divide)s, 记作 $r|s$, 若存在 $x \in R$, 使得 $s = xr$.

2) $u \in R$ 称为一个**可逆元**(unit), 若有 $v \in R$, 使得 $uv = 1$.

3) 若 $a, b \in R$, 称 a, b **相伴**(associate), 若有 R 中可逆元 u, 使得 $a = ub$.

4) 一个非零非可逆元 $p \in R$ 称为**素元**(prime), 若 $p|ab$ 导出 $p|a$ 或 $p|b$.

5) 一个非零非可逆元 $p \in R$ 称为**不可约元**(irreducible), 若 $p = ab$ 导出 a 或 b 是可逆元.

由此即可得到

1) $u \in R$ 为可逆元当且仅当 $\langle u \rangle = R$.

2) r, s 相伴当且仅当 $\langle r \rangle = \langle s \rangle$.

3) r 可除 s 当且仅当 $\langle s \rangle \subset \langle r \rangle$.

4) r 真除 (properly divide)s (即 $s = xr, x$ 不是一个可逆元) 当且仅当 $\langle s \rangle \subsetneqq \langle r \rangle$.

对整数环 **Z**, 一个整数是素元 (即素数) 当且仅当它是不可约元. 但一般来说, 这两者是不一致的. 但对主理想整环, 这两者却是一致的.

定理 1.2.2　若 R 是主理想整环, 则 R 中的元素是素元当且仅当它是不可约元.

证　若 p 是素元, 令 $p = ab$, 则 $p|ab$, 因此 $p|a$ 或 $p|b$. 若 $p|a$, 则 $a = xp$, 于是 $p = ab = xpb$, 由于 R 是整环, 故消去律成立, 在上式中消去 p 后得 $1 = xb$, 因此, b 是一个可逆元, 故 p 不可约. 在这部分证明中只用到了 R 是整环, 并未用到 R 是主理想整环, 故这部分对 R 是整环也成立. 即素元一定是不可约元.

下面来证不可约元一定是素元.

先来证明: 若 $r \in R$ 是不可约元, 则主理想 $\langle r \rangle$ 是**极大理想**(maximal ideal), 即 $\langle r \rangle \neq R$, 且不存在理想 $\langle a \rangle$ 使得 $\langle r \rangle \subsetneqq \langle a \rangle \subsetneqq R$.

若有 $\langle a \rangle$, 使得 $\langle r \rangle \subset \langle a \rangle \subset R$, 则 $r = xa, x \in R$. 由于 r 为不可约元, 故 a 或 x 为可逆元. 若 a 为可逆元, 则由前述 1), $\langle a \rangle = R$; 若 x 为可逆元, 则由前述 2), $\langle a \rangle = \langle xa \rangle = \langle r \rangle$. 这都得到矛盾. 故 $\langle r \rangle$ 为极大理想.

若 r 为不可约元, 且 $r|ab$, 要证 $r|a$ 或 $r|b$, 即 r 为素元. 由前述 3), $ab \in \langle r \rangle$. 由刚才已证的知道 $\langle r \rangle$ 是极大理想, 要证 $a \in \langle r \rangle$ 或 $b \in \langle r \rangle$.

若 $a \notin \langle r \rangle$, 由于 $\langle r \rangle$ 是极大理想, 故 $\langle a, r \rangle = R$, 因此有 $x, y \in R$, 使得 $1 = xa + yr$. 将此式两边右乘以 b, 得 $b = xab + yrb$, 由 $r|ab$ 得 $r|xab$, 又显然有 $r|yrb$, 因此 $r|b$, 即 $b \in \langle r \rangle$.

同样可证, 若 $b \notin \langle r \rangle$, 则有 $a \in \langle r \rangle$. 这就证明了 r 为素元.

如果环 R 有理想序列 $I_1, I_2, \cdots$，满足

$$I_i \subset I_{i+1}, \qquad i = 1, 2, \cdots,$$

则称 $\{I_i\}$ 为一个 **理想升链**(ascending chain of ideals). 先来证明如下命题.

命题 1.2.2 若 R 是主理想整环，则任一理想升链 $\{\langle a_i \rangle\}$ 一定是有限的，即存在一个正整数 m，使得 $\langle a_m \rangle = \langle a_{m+1} \rangle = \langle a_{m+2} \rangle = \cdots$.

证 令 $I = \bigcup_i \langle a_i \rangle$. 则可证 I 是一个理想. 对于任意 $b, c \in I$，则 b, c 分别属于某个 $\langle a_j \rangle$ 与 $\langle a_k \rangle$. 不妨假设 $j \leq k$. 于是 $\langle a_j \rangle \subset \langle a_k \rangle$. 因此，$b \in \langle a_k \rangle, b - c \in \langle a_k \rangle$，从而 $b - c \in I$. 对于任意 $d \in R, b \in \langle a_j \rangle$，得 $bd \in \langle a_j \rangle, db \in \langle a_j \rangle$. 因此 $bd \in I, db \in I$. 所以 I 是 R 的一个理想. 由于 R 是主理想整环，故 $I = \langle f \rangle$. 由 I 的定义 f 属于某个 $\langle a_m \rangle$，从而 $I \subset \langle a_m \rangle$，反之，显然 $\langle a_m \rangle \subset I$. 所以 $I = \langle a_m \rangle$ 对于任意大于 m 的整数 n 有 $\langle a_m \rangle \subset \langle a_n \rangle \subset I$，由 $\langle a_m \rangle = I$，推出 $\langle a_n \rangle = I$，最后得到 $I = \langle a_m \rangle = \langle a_{m+1} \rangle = \langle a_{m+2} \rangle = \cdots$.

由此可得如下定理.

定理 1.2.3（主理想整环上素元分解定理） 若 R 是主理想整环，则任一 $r \in R$，$r \neq 0$ 可写成

$$r = u p_1 \cdots p_n,$$

这里 u 是可逆元，$p_1, \cdots, p_n$ 是素元. 除去排列次序及可逆元 u 外，这样的因子分解是唯一的.

证 由定理 1.2.2，R 是主理想整环时，素元与不可约元是一致的，故只要将 $r \in R$ 分解为不可约元的乘积即可.

若 $r \in R$，如果 r 为不可约元，则定理已证. 若不是，则 $r = r_1 r_2$，而 r_1, r_2 都不是可逆元，若 r_1, r_2 都是不可约元，则定理得证；如不是，若 r_2 不是不可约元，则 $r_2 = r_3 r_4$，而 r_3, r_4 都不是可逆元. 这个步骤可一直进行下去，则 r 分解为

$$r = r_1 r_2 = r_1 (r_3 r_4) = (r_1 r_3)(r_5 r_6) = (r_1 r_3 r_5)(r_7 r_8) = \cdots.$$

每步分解将 r 分解为非可逆元的乘积，但这种分解经过有限步后停止，这是因为

$$r_2 | r, r_4 | r_2, r_6 | r_4, \cdots,$$

故由上述 3), 得到一上升理想序列

$$\langle r \rangle \subset \langle r_2 \rangle \subset \langle r_4 \rangle \subset \langle r_6 \rangle \subset \cdots. \qquad (1.2.1)$$

由于所有 r_i 不可逆，故由上述 4), 上式的包含是真包含. 如果这种分解不能停止，则得到一个上升的理想无穷序列，由命题 1.2.2，这个升链一定有限，即有 n 使得 $\langle r_{2n} \rangle = \langle r_{2(n+1)} \rangle = \cdots$, 这与理想序列 (1.2.1) 中的包含是真包含相矛盾. 于是 $r = r_1 r_3 \cdots r_{2n-1} r_{2n}$, 这里 r_{2n} 是不可约元，记 $r_1 r_3 \cdots r_{2n-1} = s$, 则 $r = s r_{2n}$. 对 s 重复上面的证明，则可分解性得证.

利用素元与不可约元的一致性，几乎是重复整数环 **Z** 的算术基本定理 (唯一素数分解定理) 的唯一性的证明，可以给出定理 1.2.3 的唯一性的证明. 此处从略.

1.3 向量空间与线性变换

在前面 1.1 节中已经讲到，线性代数是研究线性空间，即向量空间、模和其上的线性变换以及与之相关的问题，如线性函数、双线性形式等等的数学学科.

先来定义线性空间.

线性空间 (linear space), 也称向量空间 (vector space)，来源于解析几何中三维向量空间的推广. 当时向量是定义为有方向、有大小的量，现在给出的定义是抽象的定义，使用的范围当然要广泛得多.

定义 1.3.1 若 F 是域，其中元素称为纯量 (scalar). F 上的一个向量空间为一个非空集合 V , 它的元素称为向量，有运算加法 +, 对 $(u,v) \in V \times V$, 有 $u+v \in V$, 以及 F 与 V 的运算数乘，用毗连表示，对 $(r,u) \in F \times V$, 有 $ru \in V$, 且满足以下这些条件:

1) V 对 $+$ 成 Abel 群;

2) F 对 V 的数乘满足: 对所有的 $r, s \in F, u, v \in V$ 有

分配律

$$r(u + v) = ru + rv,$$

$$(r + s)u = ru + su,$$

结合律

$$(rs)u = r(su),$$

$$1u = u.$$

这样定义的向量空间当然要比解析几何中定义的向量空间要广泛得多. 例如:

1) 若 F 为域, 所有将 F 映到 F 的函数的全体是一个向量空间.

2) 所有元素 (entries) 取自域 F 的 $m \times n$ 矩阵的全体, 对矩阵的加法与矩阵的数乘成一个向量空间, 记作 $\mathcal{M}_{m,n}(F)$, 若 $m = n$, 则记作 $\mathcal{M}_n(F)$.

再来定义线性变换.

粗略的说, 线性变换是将一个向量空间映到另一个向量空间, 且保持向量空间中的运算的映射.

定义 1.3.2 若 V 与 W 是域 F 上的两个向量空间, 映射 $\tau : V \to W$ 称为**线性变换**(linear transformation), 若对任意的 $r, s \in F$ 及 $u, v \in V$, 有

$$\tau(ru + sv) = r\tau(u) + s\tau(v) .$$

记从 V 到 W 的线性变换的全体为 $\mathcal{L}(V, W)$.

称线性变换 $\tau : V \to V$ 为 V 上的**线性算子**(linear operator).记 V 上所有的线性算子的全体为 $\mathcal{L}(V)$.

在各种代数结构中, 就有一种结构叫代数, 定义如下.

定义 1.3.3 若 F 为域, F 上的一个代数 (algebra)$\mathcal{A}$ 为一个非空集合 $\mathcal{A}$, 且有两种运算: 加法（记作 $+$）, 乘法（用毗连表示）以及 F 对 $\mathcal{A}$ 的运算数乘（也用毗连表示）满足以下规律:

1)对加法与 F 对 A 的数乘，A 是一个向量空间;

2)对加法与乘法，A 是一个有单位元的环;

3)若 $r \in F$ 及 $a, b \in A$, 有

$$r(ab) = (ra)b = a(rb).$$

也就是说: 代数是有向量乘法的向量空间，代数是可以对每个元素进行数乘的环. 也可以说代数既是向量空间又同时是环，是向量空间与环的结合.

若 V 是 F 上的向量空间，对于 $\mathcal{L}(V)$, 取 $\mathcal{L}(V)$ 中两个元素的乘法为函数的复合，取 $\mathcal{L}(V)$ 中的恒等映射为 $\mathcal{L}(V)$ 中乘法的单位元，则容易验证: $\mathcal{L}(V)$ 的确是 F 上的一个代数. 这个代数的元素是 $\mathcal{L}(V)$ 的元素. 当然，还可以有其它的代数，如李代数、Clifford 代数等等.

线性变换与向量空间是相辅相成的，是相互依存的. 向量空间是线性变换的载体，没有向量空间，线性变换无用武之地，对它进行研究也就没有多大意义. 反之，向量空间本身如果没有线性变换作用在其上，则向量空间是死的，没有多少话可说.

如在 1.1 节中所说的，近世代数的主要内容是集合及这些集合上的代数运算. 集合本身和作为代数运算的载体的集合是不加区分的，故实质上研究的是代数运算本身. 而线性代数实质上是在研究 $\mathcal{L}(V)$. 如上所述，$\mathcal{L}(V)$ 的确是一个代数.

讨论带有一个线性变换 τ 的线性空间 V, 从模的观点看就是讨论 $F[x]$ 上的模. 这就是本书从模的观点来讨论线性代数的出发点.

1.4 同构、等价、相似与相合

若 S, T 为两个集合，$f: S \rightarrow T$ 为从 S 到 T 的一个映射.

称 f 为**单射**(injective) 或一对一 (one to one), 若 $x \neq y \Rightarrow f(x) \neq f(y)$;

称 f 为**满射**(surjective) 或映上 (onto), 若 $f(S) = T$;

称 f 为**双射**(bijective), 若 f 既是单射又是满射;

称 $f(S) = \{f(s)|s \in S\}$ 为 f 的**像**(image), 记作 $\mathrm{im}(f)$.

若 V, W 是 F 上两个向量空间, $\tau \in \mathcal{L}(V, W)$, 称 $\{s \in S|f(s) = 0\}$ 为 f 的**核**(kernel), 记作 $\ker(f)$. 则有

1) τ 是满射当且仅当 $\mathrm{im}(\tau) = W$;

2) τ 是单射当且仅当 $\ker(\tau) = 0$.

若线性变换 $\tau \in \mathcal{L}(V, W)$ 是双射, 则称 τ 为从 V 到 W 的同构 (isomorphism) 变换, 称 V 与 W **同构**, 记作 $V \approx W$.

同构是线性代数中极为重要的概念, 两个向量空间是同构的, 则有线性变换, 使这两个空间的点一一对应, 且还保持线性不变. 这时我们往往将这两个向量空间视为同一个. 如对向量空间进行分类, 就是指在同构意义下的分类.

更一般地, 有等价关系.

若 S 是一非空集合, S 上的一个二元关系 $\sim$ 称为 S 上的 **等价关系**(eqivalence relation), 若它满足如下三个条件:

1) 自反性 (reflexivity): 对所有 $a \in S$, 有 $a \sim a$;

2) 对称性 (symmetry): 对所有 $a, b \in S$, 有 $a \sim b \Rightarrow b \sim a$;

3) 可递性 (transitivity): 对所有 $a, b, c \in S$, 有 $a \sim b, b \sim c \Rightarrow a \sim c$.

若 $a \in S$, 集合 $[a] = \{b \in S|b \sim a\}$ 称为 a 的 **等价类**(equivalent class).

若 S 是非空集合, S 的一个**划分**(partition) 是 S 的一个非空子集的集合 $\{A_1, \cdots, A_n, \cdots\}$ 满足

1) $A_i \cap A_j = \varnothing$ 对所有 $i \neq j$ 都成立;

2) $S = A_1 \bigcup \cdots \bigcup A_n \bigcup \cdots$.

这些 $A_i, i = 1, \cdots, n$, 称为 **块**(block).

显然, 若 $\sim$ 是 S 的一个等价关系, 则对 $\sim$ 所得到的不同的等价类是 S 划分的块, 反之, 若 $\mathcal{P}$ 是 S 的一个划分, 定义

$$a \sim b \quad \Leftrightarrow \quad a, b \text{ 在 } \mathcal{P} \text{ 的同一个块中,}$$

则 $\sim$ 是等价关系, 它的等价类就是 $\mathcal{P}$ 的块.

于是, S 的等价关系与 S 的划分是一一对应的.

设 $\sim$ 是 S 的等价关系, S 的一个子集 C 称为对 $\sim$ 而言的**标准形式**(canonical form), 若对每一个 $s \in S$, 在 C 中有唯一的一个 c , 使得 $c \sim s$.

显然, 对于向量空间, 同构就是等价关系, 在后面几讲中, 将讨论在这个等价关系下, 向量空间的标准形式.

若 $A, B \in \mathcal{M}_n(F)$, 称 A 与 B **等价**(equivalent), 若存在可逆阵 P, Q, 使得

$$A = PBQ ;$$

称 A 与 B **相似**(similar), 若存在可逆阵 P, 使得

$$A = PBP^{-1} ;$$

称 A 与 B **相合**(congruent), 若存在可逆阵 P, 使得

$$A = PBP^{\mathrm{T}} ,$$

这里 P^{T} 为 P 的转置.

易见, 这三种矩阵的关系都是等价关系. 在一个有限维向量空间上同一个线性算子在不同的基下所对应的矩阵之间的关系是相似关系 (见 3.1 节). 本书的第五讲中将给出相似关系下的标准形式. 在一个有限维向量空间上同一个双线性形式在不同基下所对应的矩阵之间的关系是相合关系 (见 2.3 节第 3 条). 本书的第二讲中将给出相合关系下的标准形式. 在两个有限维向量空间之间的线性变换, 在这两个向量空间的各自取定的基下所对应的矩阵之间的关系是等价关系 (见 3.1 节).

若 $A \in \mathcal{M}_n(F)$, 熟知对 A 有三个初等运算: 1) 对 A 中的一行 (列) 乘以非零的 $r \in F$; 2) 将 A 中的两行 (列) 交换; 3) 将 A 中的一行 (列) 乘以非零的 $r \in F$ 加到另一行 (列) 上. 对 A 进行行 (列) 的初等运算相当于对 A 左 (右) 乘以相应的矩阵. 不难证明: 任意 $A \in \mathcal{M}_n(F)$, 经过行与列的初

等运算都可以变为 $N_k = \begin{pmatrix} I_k & 0 \\ 0 & 0 \end{pmatrix}$, 这里 $k \leq n$, I_k 为 $k \times k$ 的单位阵. 因此, 在等价关系下, 矩阵 $A \in \mathcal{M}_n(F)$ 的标准形式就是 N_k, $k = 0, 1, 2, \cdots, n$.

第二讲 向 量 空 间

2.1 基与矩阵表示

在本书一开始，就明确提出：线性代数是研究线性空间，即向量空间、模和其上的线性变换以及与之相关问题的数学学科. 在 1.3 节中，定义 1.3.1 以及定义 1.3.2 分别给出了向量空间与线性变换的定义. 在这一讲中，将仔细讨论向量空间.

关于向量空间有以下这些常规、常用的定义.

1. S 是域 F 上的向量空间 V 的子集，如果将 V 的加法与 F 对 V 的数乘限制在 S 上，S 也成为一个向量空间，则称 S 为 V 的**子空间**.

2. 若 $V_1, \cdots, V_n$ 是域 F 上的向量空间，令

$$V = \{(v_1, \cdots, v_n) | v_i \in V_i, \ i = 1, \cdots, n\},$$

且在其上定义加法

$$(u_1, \cdots, u_n) + (v_1, \cdots, v_n) = (u_1 + v_1, \cdots, u_n + v_n),$$

F 对 V 的数乘为

$$r(v_1, \cdots, v_n) = (rv_1, \cdots, rv_n),$$

这里 $r \in F$，则 V 成为一个向量空间. 称为向量空间 $V_1, \cdots, V_n$ 的**直和**(direct sum), 记作

$$V = V_1 \oplus \cdots \oplus V_n .$$

若 S 是向量空间 V 的一个子空间，且有子空间 T，使得 $V = S \oplus T$，则称 T 为 S 的补 (compl ement) ，记作 S^c. 可证 V 的任一子空间一定有补.

3. 向量空间 V 中的一个非空子集 S 称为**线性无关**的 (linearly inde-

pendent), 如果由

$$r_1 v_1 + \cdots + r_n v_n = 0$$

可导出 $r_1 = \cdots = r_n = 0$, 这里 $v_i \in V$, $r_i \in F$, $i = 1, \cdots, n$.

V 中一个子集如果不是线性无关, 则称为**线性相关**(linearly dependent).

4. 向量空间 V 的一个集合 T 称为**生成**(span)V, 如果 V 中的每个向量可以写成 T 中的一些向量的线性组合, 即对每个 $v \in V$, 可以写成

$$v = r_1 u_1 + \cdots + r_m u_m \,,$$

这里 $r_i \in F, u_i \in T, i = 1, \cdots, m$.

向量空间 V 中由子集 S 所有元素的线性组合的全体组成 V 中的一个子空间, 记作

$$\langle S \rangle = \mathrm{span}(S) = \{r_1 v_1 + \cdots + r_n v_n | r_i \in F, v_i \in S, n = 1, 2, \cdots \}.$$

5. **向量空间 V 中的一个线性无关且生成 V 的子集, 称为 V 的基**(basis). 向量空间 V 的基的基数 (cardinality) 称为 V 的**维数**(dimension), 记作 $\dim(V)$. 当基为有限集时, 这就是基中元素的个数.

这样定义的基是否存在? 这样定义的维数是否合理?

命题 2.1.1 除了零空间 $\{0\}$ 之外, 任意向量空间一定存在一个基.

证 设 V 是非零向量空间, V 中线性无关的子集的全体记作 $\mathcal{A}$. 任取一个非零向量组成的集就是一个线性无关子集, 故 $\mathcal{A}$ 非空. 在 $\mathcal{A}$ 中可按集合的包含关系 "$\subset$" 定义一个偏序, 若 $I_1 \subset I_2 \subset \cdots$ 是 V 中线性无关子集的一条链, 则 $U = \bigcup I_i$ 仍为一个线性无关子集, 故任一条链必有上界. 因此, 由 Zorn 引理 (Zorn 引理: 若 P 为一个偏序集合 (partially ordered set), 每个链都有上界, 则 P 有极大元), $\mathcal{A}$ 必有极大元, 即 V 有极大线性无关集 (maximal linearly independent set) S, 即 S 是线性无关的, 但任意真包有 S 的集一定不是线性无关的, 于是 S 一定生成 V, 若不

然, 必有向量 $v \in V - S$, 它不是 S 中的向量的线性组合. 于是 $S \bigcup \{v\}$ 是真包有 S 的线性无关集, 得到矛盾. 这就证明了向量空间基的存在性.

命题 2.1.2 这样定义的维数是合理的.

证 先来证明如下的结果.

若 V 是一向量空间, 而向量 $v_1, \cdots, v_n$ 是线性无关的, 向量 $s_1, \cdots, s_m$ 生成 V, 则 $n \le m$.

先列出这两个向量集

$$s_1, \cdots, s_m; \qquad v_1, \cdots, v_n.$$

将后一个的 v_n 移到前一个, 成为

$$v_n, s_1, \cdots, s_m; \qquad v_1, \cdots, v_{n-1}.$$

由于 $s_1, \cdots, s_m$ 生成 V, 故 v_n 可表为 $s_1, \cdots, s_m$ 的线性组合, 故可以从 $s_i, i = 1, \cdots, m$ 中移走其中的一个, 例如 s_j, 这样使移走 s_j 后的前一个向量集仍能生成 V, 得到新的两个向量集

$$v_n, s_1, \cdots, \hat{s}_j, \cdots, s_m; \qquad v_1, \cdots, v_{n-1}.$$

其中 $\hat{s}_j$ 表示 s_j 已被移走, 再将 v_{n-1} 从后一个集合移到前一个集合, 得

$$v_{n-1}, v_n, s_1, \cdots, \hat{s}_j, \cdots, s_m; \qquad v_1, \cdots, v_{n-2}.$$

同样理由可从前一个集合移走某个 $\hat{s}_k$, 使得移走后的前一个集合仍可生成 V, 得

$$v_{n-1}, v_n, s_1, \cdots, \hat{s}_j, \cdots, \hat{s}_k, \cdots, s_m; \qquad v_1, \cdots, v_{n-2}.$$

这个步骤可以一直进行下去, 直到所有的 $v_i, i = 1, \cdots, n$, 或所有的 $s_l, l = 1, \cdots, m$ 全部移完. 这一过程称为对向量集 $\{s_1, \cdots, s_m\}$ 进行 Steinitz 替换. 若所有的 $s_l, l = 1, \cdots, m$ 首先移完, 即 $m < n$, 则前一个集合只是后

一个集合 $v_1, \cdots, v_n$ 的一个真子集, 而这又生成 V, 这与 $v_1, \cdots, v_n$ 是线性无关相矛盾, 故必须是 $m \geq n$.

由此结果立得: 若 V 由有限个向量所生成, 则 V 的任意两个基有相同的基数, 即在此情形, 维数的定义是合理的.

若 V 有无限个向量所生成, 也可证明同样的结论. 这里就从略了.

6. 若 S 是域 F 上的向量空间 V 的子空间, $u, v \in V$, 若 $u - v \in S$, 则称 u 与 v 同余模 S(congruent modulo S), 记作

$$u \equiv v, \bmod S.$$

将所有与 v 同余的元素的全体记作 $[v]$, 即 $u \in [v]$ 当且仅当 $u \equiv v, \bmod S$. 称 $[v]$ 为向量空间 V 中 S 的一个陪集 (coset). 同余是一个等价关系, 它将 V 进行划分, $[v]$ 是块. 若 V^* 是对同余而言的标准形式, 则陪集的全体可记作

$$V/S = \{v + S | v \in V^*\}.$$

在 V/S 中定义加法为

$$(u + S) + (v + S) = (u + v) + S,$$

F 对 V/S 的数乘为

$$r(u + S) = ru + S,$$

则 V/S 成为一个向量空间, 称为 V 模 S 的 **商空间**(quotient space of V modulo S).

由以上这些定义, 可以得到如下命题.

命题 2.1.3 如果 S 是域 F 上 n 维向量空间 V 的集合, 则以下叙述是等价的.

1) S 是 V 的基;

2) V 中的每一向量 v 可唯一的写为

$$v = r_1 v_1 + \cdots + r_n v_n,$$

这里 $v_i \in S, r_i \in F, i = 1, \cdots, n$ ；

　3) S 是 V 中极小生成集；

　4) S 是 V 中极大线性无关集.

命题 2.1.4　若 S 与 T 为有限维向量空间 V 的两个子空间，则

$$\dim(S) + \dim(T) = \dim(S + T) + \dim(S \cap T). \qquad (2.1.1)$$

若 V 是域 F 上 n 维向量空间，$\mathcal{B} = (b_1, \cdots, b_n)$ 是 V 的一组基，则对每一个向量 $w \in V$ 存在唯一的一组数 $(r_1, \cdots, r_n)$，使得 V 可以写成

$$w = r_1 b_1 + \cdots + r_n b_n = (b_1, \cdots, b_n) \begin{pmatrix} r_1 \\ \vdots \\ r_n \end{pmatrix}.$$

故对基 $\mathcal{B}$ 来讲，w 可用列向量 $(r_1, \cdots, r_n)^{\mathrm{T}}$ 表示之，记作 $[w]_\mathcal{B}$，称为 w 在基 $\mathcal{B}$ 下的坐标. 如果 $\mathcal{C} = \{c_1, \cdots, c_n\}$ 也是 V 的一组基，则存在唯一 $n \times n$ 可逆矩阵 $M_{\mathcal{B},\mathcal{C}} = (A_1, \cdots, A_n)$，这里 $A_1, \cdots, A_n$ 为 n 个列向量，使得

$$[w]_\mathcal{C} = M_{\mathcal{B},\mathcal{C}} [w]_\mathcal{B}.$$

取 $w = b_i$，则得到 $A_i = [b_i]_\mathcal{C}, i = 1, \cdots, n$，即 $M_{\mathcal{B},\mathcal{C}} = ([b_1]_\mathcal{C}, \cdots, [b_n]_\mathcal{C})$.

若 V 是域 F 上 n 维向量空间，$\mathcal{B}$ 是 V 的一组基，考虑映射 $\phi_\mathcal{B}: V \to F^n$，$\phi_\mathcal{B}(v) = [v]_\mathcal{B}$，这里 $v \in V$. 易证：$\phi_\mathcal{B}$ 是 V 到 F^n 的同构映射，即 $\phi_\mathcal{B}$ 是双射且是一个线性变换. 因此，V 与 F^n 是同构的. 于是，有如下定理.

定理 2.1.1　域 F 上 n 维向量空间 V 同构于 F^n. 域 F 上两个向量空间同构当且仅当它们的维数相同.

这个定理告诉我们：**在同构意义下，n 维向量空间只有一个，即为大家十分熟悉的** F^n.

2.2 对偶空间

有了线性空间, 即向量空间, 首先要讨论的是其上的最简单的一类函数, 线性函数.

定义 2.2.1 若 V 是域 F 上的向量空间, 函数 $f : V \to F$ 称为 V 上的线性函数 (linear function)或**线性泛函**(linear functional) , 如果对任意 $r, s \in F, u, v \in V$ 有

$$f(ru + sv) = rf(u) + sf(v).$$

V 上所有线性泛函的全体记为 V^*. 若 $f, g \in V^*$, 定义加法为: 对任意 $v \in V$,

$$(f + g)(v) = f(v) + g(v),$$

F 对 V^* 的数乘为: 对任意 $r \in F, v \in V$,

$$(rf)(v) = rf(v).$$

易见这样定义了加法与数乘之后, V^* 也是一个向量空间. 称为 V 的**对偶空间**(dual space).

设 V 是一个 n 维向量空间, $\mathcal{B} = (v_1, \cdots, v_n)$ 是 V 的一组基. 对每个 $v_i, i = 1, \cdots, n$, 可以定义一个线性泛函 $v_i^* \in V^*$, 使得

$$v_i^*(v_j) = \delta_{ij}, \quad i, j = 1, \cdots, n, \tag{2.2.1}$$

这里 δ_{ij} 是 Kronecker 函数, 即 $\delta_{ii} = 1, \delta_{ij} = 0, i \neq j$. 易证 $\mathcal{B}^* = \{v_1^*, \cdots, v_n^*\}$ 是 V^* 的一组基, 称 $\mathcal{B}^*$ 为 $\mathcal{B}$ 的 **对偶基**(dual basis).

由此立得 $\dim(V) = \dim(V^*)$.

由于 V^* 也是向量空间, 故 V^* 有对偶空间 $V^{**} = (V^*)^*$. 若 V 是有限维向量空间, 则

$$\dim(V^{**}) = \dim(V^*) = \dim(V) ,$$

因此由定理 2.1.1 知: 对有限维向量空间 V, 有 $V^{**} \approx V$.

若 $\tau_1 : v = \sum_{i=1}^n x_i v_i \in V \to v^* = \sum_{i=1}^n x_i v_i^* \in V^*$. 由于 $\dim(V^*)$ 及定理

2.1.1, τ_1 是一个同构映射, 且 $V \approx V^*$. 对任意 $u = \sum_{j=1}^n y_j v_j \in V$, 由 (2.2.1),

$$v^*(u) = \sum_{i=1}^n x_i v_i^*(u) = \sum_{i=1}^n x_i v_i^* \left(\sum_{j=1}^n y_j v_j \right) = \sum_{i=1}^n x_i y_i.$$

同样对每个 v_i^*, $i = 1, \cdots, n$, 可以定义一个线性泛函 $v_i^{**} \in V^{**}$, 使得

$$v_i^{**}(v_j^*) = \delta_{ij}, \qquad i,j = 1, \cdots, n,$$

这里 δ_{ij} 是 Kronecker 函数. 易证 $\mathcal{B}^{**} = (v_1^{**}, \cdots, v_n^{**})$ 是 V^{**} 的一组基,
为 $\mathcal{B}^*$ 的对偶基.

若 $\tau_2 : v^* = \sum_{i=1}^n x_i v_i^* \in V^* \to v^{**} = \sum_{i=1}^n x_i v_i^{**} \in V^{**}$, 与上面同样理由,

τ_2 是一个同构映射, 且 $V^* \approx V^{**}$. 对任意 $w = \sum_{i=1}^n z_i v_i^* \in V^*$, 由 (2.2.1) 知,

$w(v_j) = \sum_{i=1}^n z_i v_i^*(v_j) = z_j.$ 故 $w = \sum_{i=1}^n w(v_i) v_i^*.$ 于是 $v^{**}(w) = \sum_{i=1}^n x_i v_i^{**}(w) =$

$\sum_{i=1}^n x_i v_i^{**} \left(\sum_{j=1}^n w(v_j) v_j^* \right) = \sum_{i=1}^n x_i w(v_i) = w \left(\sum_{i=1}^n x_i v_i \right) = w(v).$

令 $\tau = \tau_2 \tau_1$, 则 $\tau : V \to V^{**}$ 是一个同构映射, 且 $\tau(v) = \tau_2(\tau_1(v)) = \tau_2(v^*) = v^{**}$ 对每个 $v \in V$ 都成立. 已证 $v^{**}(w) = w(v)$ 对每个 $w \in V^*$ 都成立. 由上述两式可见, v 在 V 到 V^{**} 的同构映射 τ 下的像不依赖于 V 中基的选取. 称这样的同构映射为**自然同构映射**. 在这样的自然同构映射下, 可以把 v 与 $\tau(v) = v^{**}$ 等同. 从而把 V 与 V^{**} 等同起来. 也就是可以把 V 看成 V^* 的对偶空间. 这样 V 与 V^* 互为对偶空间. 这就是把 V^* 称为 V 的对偶空间的原因.

例如参阅命题 2.2.4, 命题 3.2.2, 命题 3.2.3 的 2), 3).

一个十分重要的线性泛函是零化子.

定义 2.2.2 若 M 是向量空间 V 的非空集合, V^* 中的集合

$$M^\circ = \{ f \in V^* | f(M) = 0 \}$$

称为 M 的**零化子**(annihilator), 这里 $f(M) = \{f(v)|v \in M\}$.

关于零化子有如下一些结论.

命题 2.2.1 M° 是 V^* 的子空间, 即使 M 不是 V 的子空间.

命题 2.2.2 当 M 是 n 维向量空间的子空间时, 有

$$\dim(M) + \dim(M^\circ) = n .$$

证 若 $\mathcal{U} = \{u_1, \cdots, u_k\}$ 是 M 的一组基, 将 $\mathcal{U}$ 扩充为

$$\mathcal{B} = \{u_1, \cdots, u_k, v_1, \cdots, v_{n-k}\},$$

使 $\mathcal{B}$ 成为 V 的一组基, 则

$$\mathcal{B}^* = \{u_1^*, \cdots, u_k^*, v_1^*, \cdots, v_{n-k}^*\}$$

是 $\mathcal{B}$ 的对偶基. 来证 $\{v_1^*, \cdots, v_{n-k}^*\}$ 是 M° 的一组基. 显然它们是线性无关的, 只要证它们张成 M°.

若 $f \in M^\circ$, 则 $f \in V^*$, 故 f 可写成

$$f = r_1 u_1^* + \cdots + r_k u_k^* + s_1 v_1^* + \cdots + s_{n-k} v_{n-k}^*,$$

这里 $r_i \in F, i = 1, \cdots, k, s_j \in F, j = 1, \cdots, n-k$. 由于 $f \in M^\circ$, 故 $f(u_i) = 0$, 但 $f(u_i) = r_i$, 故 $r_i = 0, i = 1, \cdots, k$. 因此,

$$f = s_1 v_1^* + \cdots + s_{n-k} v_{n-k}^*.$$

于是 $\{v_1^*, \cdots, v_{n-k}^*\}$ 张成 M°. 因此命题 2.2.2 得证.

命题 2.2.3 若 M, N 是向量空间 V 的子集, 且 $M \subset N$, 则

$$N^\circ \subset M^\circ .$$

命题 2.2.4 若 V 是有限维向量空间, 如视 V^{**} 与 V 等同, 则对 V 的任一子集 M, 都有

$$M^{\circ\circ} = \operatorname{span}(M) .$$

若 S 为 V 的子空间, 则

$$S^{\circ\circ} = S .$$

命题 2.2.5 若 S, T 是有限维向量空间的子空间, 则

$$(S \cap T)^{\circ} = S^{\circ} + T^{\circ} \quad 及 \quad (S + T)^{\circ} = S^{\circ} \cap T^{\circ} .$$

命题 2.2.6 若向量空间 V 是它的两个子空间 S 与 T 的直和, 即 $V = S \oplus T$, 则

1) $S^* \approx T^{\circ}$ 及 $T^* \approx S^{\circ}$;

2) $(S \oplus T)^* = S^{\circ} \oplus T^{\circ}$.

证   先证 1).

若 $f \in T^{\circ} \subset V^*$, 则 $f(T) = 0$, 定义映射

$$\tau : f \to f|_S,$$

即将 $f \in T^{\circ}$ 映为 f 在 S 上的限制, 显然, $f|_S \in S^*$, 故这是 T° 到 S^* 的映射, 易见这是线性的.

若 $f|_S = 0$, 则 $f(S) = 0$, 而已知 $f(T) = 0$, 这导出 $f = 0$. 故映射 τ 是单射.

若 $g \in S^*$, 定义 f 为

$$f(s + t) = g(s),$$

这里 $s \in S, t \in T$, 显然, $f \in V^*$. 由于 $f(0 + t) = g(0) = 0$ 对所有 $t \in T$ 都成立, 故 $f \in T^{\circ}$. 而 $f|_S = g$, 故任给 $g \in S^*$, 就有 $f \in T^{\circ} \subset V^*$, 使得 $f|_S = g$, 故 τ 为满射. 因此, $T^{\circ} \approx S^*$. 同样可证: $T^* \approx S^{\circ}$.

再证 2).

若 $f \in S^{\circ} \cap T^{\circ}$, 则 $f(S) = 0$ 及 $f(T) = 0$, 故 $f = 0$, 即 $S^{\circ} \cap T^{\circ} = \{0\}$. 而 S°, T° 是 V^* 的子空间, 故 $(S \oplus T)^* \supset S^{\circ} \oplus T^{\circ}$.

若 $f \in (S \oplus T)^*$, 定义

$$g(s + t) = f(t), \quad h(s + t) = f(s),$$

这里 $s \in S, t \in T$, 显然, $g, h \in (S \oplus T)^*$. 由于 $g(S) = 0$ 及 $h(T) = 0$, 故 $g \in S^\circ, h \in T^\circ$, 而

$$f(s+t) = f(s) + f(t) = g(s+t) + h(s+t) = (g+h)(s+t).$$

因此, $f = g + h \in S^\circ \oplus T^\circ$, 于是 $(S \oplus T)^* \subset S^\circ \oplus T^\circ$, 这就得到 2).

2.3 双线性形式

在上一节中, 讨论了向量空间上最简单的一类函数, 线性函数, 即线性泛函, 对有限维向量空间证明了它的对偶空间的对偶空间同构于它自己. 还定义与讨论了对偶空间中一类重要的子空间, 零化子空间, 这在今后十分有用.

1. 讨论了线性函数, 顺理成章的是讨论向量空间上的双线性形式及二次型. 在这一节中, 讨论的向量空间全是有限维的.

定义 2.3.1 若 V 是域 F 上的向量空间, 映射 $\langle, \rangle : V \times V \to F$ 称为**双线性形式**(bilinear form), 若对每个坐标而言都是线性函数, 即对任意 $\alpha, \beta \in F, x, y, z \in V$ 有

$$\langle \alpha x + \beta y, z \rangle = \alpha \langle x, z \rangle + \beta \langle y, z \rangle$$

及

$$\langle z, \alpha x + \beta y \rangle = \alpha \langle z, x \rangle + \beta \langle z, y \rangle.$$

$\langle x, x \rangle, x \in V$ 称为 V 上的**二次型**(quadratic form).

如果对任意 $x, y \in V$, 有

$$\langle x, y \rangle = \langle y, x \rangle,$$

则称 $\langle, \rangle$ 为**对称**(symmetric)双线性形式;

如果对任意 $x, y \in V$, 有

$$\langle x, y \rangle = -\langle y, x \rangle,$$

则称 $\langle,\rangle$ 为**斜对称**(skew-symmetric)双线性形式.

命题 2.3.1　设 F 的特征不等于 2，$\langle,\rangle$ 是斜对称的当且仅当：对任意的 $z \in V$ 有 $\langle z,z \rangle = 0$.

证　若对任意的 $z \in V$ 有 $\langle z,z \rangle = 0$, 任取 $x,y \in V$，则

$$0 = \langle x+y, x+y \rangle = \langle x,x \rangle + \langle x,y \rangle + \langle y,x \rangle + \langle y,y \rangle = \langle x,y \rangle + \langle y,x \rangle,$$

即 $\langle x,y \rangle = -\langle y,x \rangle$, 故 $\langle,\rangle$ 斜对称. 这部分对任一特征均对.

若 $\langle,\rangle$ 斜对称，则对任意 $x \in V$，有 $\langle x,x \rangle = -\langle x,x \rangle$，即 $2\langle x,x \rangle = 0$, 由于 F 的特征不等于 2，从而 $\langle x,x \rangle = 0$. 证毕.

2. 在向量空间 V 上，如果定义了双线性形式 $\langle,\rangle$, 则称 $(V,\langle,\rangle)$ 为**度量向量空间**(metric vector space), 有时就写成 V. 而取定的双线性形式 $\langle,\rangle$ 称为度量空间 V 的度量. 一个度量向量空间称为非奇异的 (non-singular)，若对任意 $v \in V, \langle x,v \rangle = 0$ 可以导出 $x = 0$. 若 $(V,\langle,\rangle)$ 是非奇异度量向量空间，且 $\langle,\rangle$ 是对称的，则称 $(V,\langle,\rangle)$ 为域 F 上的**对称度量向量空间**，也称 V 是 F 上的**正交几何**(orthogonal geometry). 若 $(V,\langle,\rangle)$ 是非奇异度量向量空间，且 $\langle,\rangle$ 是斜对称的，则称 $(V,\langle,\rangle)$ 为域 F 上的**斜对称度量向量空间**，也称 V 是 F 上的 **辛几何**(sympletic geometry).

我们只讨论正交几何与辛几何.

先来证明重要的秩与零度定理.

若 V,W 为两个向量空间 $\tau \in \mathcal{L}(V,W)$，则有 $\ker(\tau)$ 与 $\operatorname{im}(\tau)$. 称 $\dim(\ker(\tau))$ 为 τ 的零度 (nullity), 记作 $\operatorname{null}(\tau)$, 称 $\dim(\operatorname{im}(\tau))$ 为 τ 的秩 (rank)，记作 $\operatorname{rk}(\tau)$.

定理 2.3.1（秩与零度定理）　若 $\tau \in \mathcal{L}(V,W)$, 则

$$\operatorname{rk}(\tau) + \operatorname{null}(\tau) = \dim(V).$$

证　由于 $\tau \in \mathcal{L}(V,W)$，故 $\ker(\tau)$ 是 V 的一个子空间，于是有补 $\ker(\tau)^c$, 即

$$V = \ker(\tau) \oplus \ker(\tau)^c.$$

设 $\mathcal{K}$ 是 $\ker(\tau)$ 的基. $\mathcal{C}$ 是 $\ker(\tau)^c$ 的基. 由于 $\mathcal{K} \cap \mathcal{C} = \varnothing$ 及 $\mathcal{K} \bigcup \mathcal{C}$ 是 V 的基, 故

$$\dim(V) = \dim(\ker(\tau)) + \dim(\ker(\tau)^c) .$$

将 τ 限制在 $\ker(\tau)^c$ 上, 记作 τ^c, 则易证

$$\tau^c : \ker(\tau)^c \to \operatorname{im}(\tau)$$

是同构.

先证 τ^c 是单射.

若 $v \in \ker(\tau)^c$, 且 $\tau^c(v) = 0$, 由于 τ^c 是 τ 在 $\ker(\tau)^c$ 上的限制, 故 $\tau(v) = 0$. 于是 $v \in \ker(\tau)^c \cap \ker(\tau)$, 从而 $v = 0$.

再证 τ^c 是满射.

若 $\tau(v) \in \operatorname{im}(\tau)$, 则 $v = u + w$, 这里 $u \in \ker(\tau), w \in \ker(\tau)^c$. 于是

$$\tau(v) = \tau(u) + \tau(w) = \tau(w) = \tau^c(w),$$

从而 $\tau(v) \in \operatorname{im}(\tau^c)$, 即 $\operatorname{im}(\tau) \subset \operatorname{im}(\tau^c)$, 而 $\operatorname{im}(\tau^c) \subset \operatorname{im}(\tau)$ 是显然的, 故 $\operatorname{im}(\tau) = \operatorname{im}(\tau^c)$. 因此 τ^c 是将 $\ker(\tau)^c$ 映到 $\operatorname{im}(\tau)$ 上的满射, τ^c 显然是线性的, 故 τ^c 是 $\ker(\tau)^c$ 到 $\operatorname{im}(\tau)$ 的同构映射, 即 $\ker(\tau)^c \approx \operatorname{im}(\tau)$.

从而定理得证.

由定理 2.3.1 可得一系列重要推论.

推论 2.3.1 若 $\tau \in \mathcal{L}(V,W)$, 且 $\dim(V) = \dim(W) < \infty$, 则 τ 为单射当且仅当 τ 为满射.

推论 2.3.2（第一同构定理） 若 $\tau \in \mathcal{L}(V,W)$, $V/\ker(\tau)$ 是 V 模 $\ker(\tau)$ 的商空间, 则 $V/\ker(\tau) \approx \operatorname{im}(\tau)$.

证 映射 $\tau' : V/\ker(\tau) \to W$ 定义为

$$\tau'(v + \ker(\tau)) = \tau(v).$$

先来证这样定义的 τ' 是有意义的, 这就要证明: 若 $u, v \in V$, 且 $v + \ker(\tau) = u + \ker(\tau)$, 则 $\tau'(v + \ker(\tau)) = \tau'(u + \ker(\tau))$. 这也就是要证

明：$v+\ker(\tau) = u+\ker(\tau)$，则 $\tau(v) = \tau(u)$. 也就是要证明：$v - u \in \ker(\tau)$，则 $\tau(v - u) = 0$. 这是当然成立的，故这样定义的 τ' 是有意义的，且 τ' 是单射.

显然 $\tau' : V/\ker(\tau) \to W$ 是一个线性变换，由定理 2.3.1 及 τ' 是单射知，$\dim(\mathrm{im}(\tau'))=\dim(V/\ker(\tau))$，但 $\mathrm{im}(\tau') = \{\tau'(v+\ker(\tau))|v+\ker(\tau) \in V/\ker(\tau)\} = \{\tau(v)|v \in V\}= \mathrm{im}(\tau)$，故 τ' 为 $V/\ker(\tau)$ 到 $\mathrm{im}(\tau)$ 的满射，所以

$$V/\ker(\tau) \approx \mathrm{im}(\tau).$$

推论 2.3.3 若 S 是向量空间 V 的一个子空间，S^c 是 S 的补，则

$$V/S \approx S^c,$$

且

$$\dim(S) + \dim(S^c) = \dim(V).$$

证 V 中任一向量可以唯一地写成 $v = s + s^c$，这里 $s \in S, s^c \in S^c$. 定义线性算子 $\rho : V \to V$ 为

$$\rho(s + s^c) = s^c,$$

这样定义的 ρ 是有意义的，显然

$$\mathrm{im}(\rho) = S^c$$

及

$$\ker\rho = \{s + s^c \in V | s^c = 0\} = S,$$

故由第一同构定理，得 $V/S \approx S^c$. 由定理 2.3.1, 得

$$\dim(S) + \dim(S^c) = \dim(V).$$

由第一同构定理还可导出如下推论.

推论 2.3.4（第二同构定理） 若 V 是一个向量空间，S, T 为 V 的两个子空间，则

$$\frac{S+T}{T} \approx \frac{S}{S \cap T}.$$

推论 2.3.5（第三同构定理） 若 V 是一个向量空间，$S \subset T \subset V$ 均为 V 的子空间，则

$$\frac{V/S}{T/S} \approx \frac{V}{T}.$$

推论 2.3.4 与推论 2.3.5 的证明从略.

在非奇异的度量空间上，上一节所讨论的线性泛函，都可以用双线性形式来表示之.

定理 2.3.2(Riesz 表示定理) 若 $(V, \langle , \rangle)$ 是有限维非奇异的度量向量空间，任取 $f \in V^*$，则一定存在唯一的向量 $x \in V$ 使得

$$f(v) = \langle v, x \rangle$$

对所有的 $v \in V$ 都成立.

证 若 $x \in V$, 映射 $\phi_x : V \to F$ 定义为

$$\phi_x(v) = \langle v, x \rangle.$$

易证 $\phi_x \in V^*$，故可定义函数 $\tau : V \to V^*$ 为

$$\tau(x) = \phi_x.$$

显然，这是线性的. 由于 V 是非奇异的，故其核

$$\{x \in V | \phi_x = 0\} = \{x \in V | 对所有的 v \in V, 有 \langle v, x \rangle = 0\}$$

是 V 的只含有零向量的子集，故 τ 是单射.

τ 可以在整个 V 上定义，且为单射，而已知 $\dim(V) = \dim(V^*)$, 故由推论 2.3.1 ， τ 在 V 上是满射. 因此，τ 是一个同构映射，将 V 映到 V^*，即 V 的任一个线性泛函都是形为 ϕ_x ，这里 $x \in V$, 证毕.

Riesz 表示定理告诉我们，**在有限维非奇异的度量向量空间，其上的线性泛函只有一类，那就是定义度量向量空间的双线性形式.**

3. 若 $(V, \langle, \rangle)$ 是 n 维度量向量空间，$\mathcal{B} = (b_1, \cdots, b_n)$ 是 V 的一组基，于是 $\langle, \rangle$ 完全可以由 $n \times n$ 矩阵

$$M_\mathcal{B} = (a_{ij}) = (\langle b_i, b_j \rangle)$$

来决定，$M_\mathcal{B}$ 称为双线性形式 $\langle, \rangle$ 在基 $\mathcal{B}$ 下的矩阵.

若 $x, y \in V$，且

$$x = \sum_{i=1}^n x_i b_i, \quad y = \sum_{i=1}^n y_i b_i,$$

则

$$\langle x, y \rangle = \sum_i \sum_j x_i y_j \langle b_i, b_j \rangle = [x]_\mathcal{B}^\mathrm{T} M_\mathcal{B} [y]_\mathcal{B},$$

这里 $[x]_\mathcal{B}$，$[y]_\mathcal{B}$ 表示 x, y 在基 $\mathcal{B}$ 下的坐标，即

$$[x]_\mathcal{B} = \begin{pmatrix} x_1 \\ \vdots \\ x_n \end{pmatrix}, \qquad [y]_\mathcal{B} = \begin{pmatrix} y_1 \\ \vdots \\ y_n \end{pmatrix}.$$

$\langle, \rangle$ 是对称的，当且仅当 $M_\mathcal{B}$ 是对称矩阵，即 $a_{ij} = a_{ji}, i, j = 1, \cdots, n$. $\langle, \rangle$ 是斜对称的，当且仅当 $M_\mathcal{B}$ 是斜对称，即 $a_{ii} = 0, a_{ij} = -a_{ji}(i \neq j), i, j = 1, \cdots, n$.

若 $\mathcal{C} = (c_1, \cdots, c_n)$ 是 V 的另一组基，则由 2.1 节的最后知，对任意 $v \in V$，有

$$[v]_\mathcal{C} = M_{\mathcal{B}, \mathcal{C}} [v]_\mathcal{B}$$

及

$$[v]_\mathcal{B} = M_{\mathcal{C}, \mathcal{B}} [v]_\mathcal{C}.$$

于是

$$\langle x, y \rangle = [x]_\mathcal{B}^\mathrm{T} M_\mathcal{B} [y]_\mathcal{B} = [x]_\mathcal{C}^\mathrm{T} M_{\mathcal{C}, \mathcal{B}}^\mathrm{T} M_\mathcal{B} M_{\mathcal{C}, \mathcal{B}} [y]_\mathcal{C} = [x]_\mathcal{C}^\mathrm{T} M_\mathcal{C} [y]_\mathcal{C}.$$

这就得到

$$M_{\mathcal{C}} = M_{\mathcal{C},\mathcal{B}}^{\mathrm{T}} \, M_{\mathcal{B}} M_{\mathcal{C},\mathcal{B}} \, .$$

也就是说, $M_{\mathcal{C}}$ 与 $M_{\mathcal{B}}$ 是相合的.

4. 要弄清楚对称的、斜对称的双线性形式一共有多少, 也就是在相合的意义下双线性形式的矩阵有多少标准形式, 这是线性代数最基本问题之一. 要引入正交的概念.

向量 x 与向量 y 称为**正交的**(orthogonal) , 记作 $x \perp y$, 若 $\langle x, y \rangle = 0$. 对于对称双线性形式及斜对称双线性形式, 显然有 $x \perp y$ 当且仅当 $y \perp x$.

称 S, T 是度量向量空间 $(V, \langle , \rangle)$ 的两个子空间, 称它们是正交的, 记作 $S \perp T$, 若对所有的 $s \in S, t \in T$, 都有 $\langle s, t \rangle = 0$.

集合 $\{v \in V | v \perp S\}$ 称为 S 的正交补 (orthgonal complement), 记作 $S^{\perp}$. 若 $(V, \langle , \rangle)$ 是度量向量空间, S, T 是它的子空间, 并且 $V = S \oplus T$ 及 $S \perp T$, 则称 V 是 S 与 T 的正交直和 (orthogonal direct sum), 记作 $S \perp\!\!\!\perp T$.

定理 2.3.3 若 $(V, \langle , \rangle)$ 是非奇异的度量向量空间, S 是 V 的子空间, 则 $V = S \perp\!\!\!\perp S^{\perp}$ 当且仅当 S 非奇异.

现在来证明定理 2.3.3. 先来证明如下引理.

引理 2.3.1 若 S 是非奇异的度量空间 V 的一个子空间, 则

$$\dim(S) + \dim(S^{\perp}) = \dim(V). \tag{2.3.1}$$

证 对每个 $v \in V$, 在 S 上定义线性泛函 $\phi_v : S \to F$ 为

$$\phi_v(u) = \langle u, v \rangle,$$

这里 $u \in S$. 显然 $\phi_v \in S^*$. 定义映射 $\tau : V \to S^*$ 为

$$\tau(v) = \phi_v,$$

显然这是一个线性映射, 且

$$\ker(\tau) = \{v \in V | \phi_v = 0\} = \{v \in V | \text{对所有的} u \in S, \langle u, v \rangle = 0\} = S^{\perp}.$$

$$\tag{2.3.2}$$

此外, 由定理 2.3.2, S^* 中任一线性泛函均可用 S 上的双线性形式来表示之, 故 $\tau|_S : S \to S^*$ 是满射, 从而

$$\mathrm{im}(\tau) = S^* \, .$$

由定理 2.3.1 知

$$\dim(\ker(\tau)) + \dim(\mathrm{im}(\tau)) = \dim(V).$$

而 $\dim(\mathrm{im}(\tau)) = \dim(S^*) = \dim(S)$, 由 (2.3.2), $\ker(\tau) = S^\perp$, 故 (2.3.1) 得证.

由 (2.3.1) 可证定理 2.3.3.

由 (2.1.1) 及 (2.3.1) 知,

$$\dim(S + S^\perp) = \dim(S) + \dim(S^\perp) - \dim(S \cap S^\perp)$$
$$= \dim(V) - \dim(S \cap S^\perp).$$

若 S 是非奇异的, 则 $S \cap S^\perp = 0$, 因此, $V = S \oplus S^\perp$, 这就证明了 $V = S \odot S^\perp$.

反之, 若 S 不是非奇异, 则 $V = S \odot S^\perp$ 不成立.

5. 有了这些做准备, 就可以讨论正交几何与辛几何的正交分解, 也就是要定出正交几何与辛几何的标准形式.

先来讨论辛几何.

若 $(V, \langle , \rangle)$ 为辛几何, 由于 $\langle , \rangle$ 是斜对称的, 故对每个 $x \in V$ 都有 $\langle x, x \rangle = 0$, 取定一个 $u(\neq 0) \in V$, 由于 V 是非奇异的, 故一定存在一个 v 使得 $\langle u, v \rangle \neq 0$. 考虑以 (u, v) 为一组基的二维子空间 H, 则

$$\langle u, u \rangle = \langle v, v \rangle = 0.$$

而 $\langle u, v \rangle = a \neq 0$, 以 $a^{-1}v$ 来代替 v, 就有

$$\langle u, v \rangle = 1, \qquad \langle v, u \rangle = -1.$$

于是在 H 的基 (u, v) 下 $\langle , \rangle$ 的矩阵为

$$M = \begin{pmatrix} 0 & 1 \\ -1 & 0 \end{pmatrix}.$$

由于 V 非奇异, 故由定理 2.3.3, 可将 V 进行正交分解: $V = H \oplus H^\perp$, 而 $H^\perp$ 仍是非奇异的斜对称度量向量空间, 仍可对 $H^\perp$ 进行这样的正交分解. 重复这样的步骤, 由于 V 是有限维的, 故 V 最终可正交分解为

$$V = H_1 \oplus H_2 \oplus \cdots \oplus H_k.$$

归纳起来为如下结论.

定理 2.3.4 若 $(V, \langle , \rangle)$ 为非奇异的斜对称度量向量空间, 则 V 可正交分解为

$$V = H_1 \oplus H_2 \oplus \cdots \oplus H_k,$$

这里 $H_i, i = 1, \cdots, k$ 为二维斜对称度量子空间, 其 $\langle , \rangle$ 对应的矩阵为

$$\begin{pmatrix} 0 & 1 \\ -1 & 0 \end{pmatrix}.$$

也就是说, 在 V 中取到一组基, 使得 $\langle , \rangle$ 的矩阵为

$$M = \begin{pmatrix} 0 & 1 & 0 & 0 & \cdots & 0 & 0 \\ -1 & 0 & 0 & 0 & \cdots & 0 & 0 \\ 0 & 0 & 0 & 1 & \cdots & 0 & 0 \\ 0 & 0 & -1 & 0 & \cdots & 0 & 0 \\ \vdots & \vdots & \vdots & \vdots & \ddots & \vdots & \vdots \\ 0 & 0 & 0 & 0 & \cdots & 0 & 1 \\ 0 & 0 & 0 & 0 & \cdots & -1 & 0 \end{pmatrix}.$$

因此, 非奇异的斜对称度量向量空间都是偶数维的.

用矩阵的语言表达为:

若 P 是一个 n 阶非奇异的斜对称矩阵, 则 P 相合于 M , 即存在 n 阶非奇异矩阵 Q , 使得

$$
P = Q^{\mathrm{T}} \begin{pmatrix}
0 & 1 & & & & & \\
-1 & 0 & & & & & \\
& & 0 & 1 & & & \\
& & -1 & 0 & & & \\
& & & & \ddots & & \\
& & & & & 0 & 1 \\
& & & & & -1 & 0
\end{pmatrix} Q.
$$

非奇异斜对称矩阵一定是偶数阶, 即 n 是偶数.

6. 再来对正交几何进行正交分解.

若 $(V, \langle , \rangle)$ 是一个非奇异的对称度量向量空间, 则存在 $u(\neq 0) \in V$ 使得 $\langle u, u \rangle \neq 0$. 这样的 u 一定存在, 否则 $<,>$ 是斜对称的. 由 u 生成的子空间 $S = \mathrm{span}\{u\}$ 是非奇异的. 由于 V 是非奇异的, 由定理 2.3.3 , 有正交分解 $V = S \oplus S^{\perp}$, 而 $S^{\perp}$ 仍为非奇异的对称度量向量空间, 仍可以对 $S^{\perp}$ 进行这样的正交分解

$$
V = S \oplus T \oplus T^{\perp},
$$

这里 S, T 均为一维子空间, 重复这样的步骤, 可得

$$
V = S_1 \oplus S_2 \oplus \cdots \oplus S_n,
$$

这里 S_i 由向量 u_i 生成, 且 $\langle u_i, u_i \rangle \neq 0, i = 1, \cdots, n$, 故 $(u_1, \cdots, u_n)$ 是 V 的一组正交基 (即基中向量相互正交). 若 $\langle u_i, u_i \rangle = a_i, i = 1, \cdots, n$, 则有如下结论.

若 $(V, \langle , \rangle)$ 是 n 维非奇异的对称度量向量空间, 则 V 有一组正交基

$\mathcal{B} = (u_1, \cdots, u_n)$，使得在基 $\mathcal{B}$ 下，$\langle , \rangle$ 所对应的矩阵为

$$M_{\mathcal{B}} = \begin{pmatrix} a_1 & & \\ & \ddots & \\ & & a_n \end{pmatrix}.$$

若取 $r_i \neq 0, r_i \in F, i = 1, \cdots, n$，则

$$\mathcal{C} = (r_1 u_1, \cdots, r_n u_n)$$

也是 V 上的一组正交基，对 $\mathcal{C}, \langle , \rangle$ 所对应的矩阵为

$$M_{\mathcal{C}} = \begin{pmatrix} r_1^2 a_1 & & \\ & \ddots & \\ & & r_n^2 a_n \end{pmatrix}.$$

若 F 为代数封闭域 (algebraically closed field)，即 $F[x]$ 中任一多项式均可在 F 上分裂为一次因子的乘积，这时，可取 $r_i = 1/\sqrt{a_i}, i = 1, \cdots, n$，这里 $\sqrt{a_i}$ 为 $x^2 - a = 0$ 的根，这样

$$M_{\mathcal{C}} = \begin{pmatrix} 1 & & \\ & \ddots & \\ & & 1 \end{pmatrix} = I_n,$$

这里 I_n 为 n 维单位矩阵.

归纳起来就有如下定理.

定理 2.3.5 若 $(V, \langle , \rangle)$ 为域 F 上的 n 维非奇异对称度量向量空间，则 V 有正交基 $\mathcal{U} = (u_1, \cdots, u_n)$，即 V 可正交分解为

$$V = S_1 \perp\!\!\!\perp S_2 \perp\!\!\!\perp \cdots \perp\!\!\!\perp S_n,$$

这里 S_i 是由 u_i 生成，$i = 1, \cdots, n$，若 $\langle u_i, u_i \rangle = a_i$，则 $\langle , \rangle$ 相对于基 $\mathcal{U}$ 有矩阵

$$M_{\mathcal{U}} = \begin{pmatrix} a_1 & & \\ & \ddots & \\ & & a_n \end{pmatrix}.$$

若 F 为代数封闭域, 则 V 有一组正规正交基 (orthonormal basis) (即若基为 $\mathcal{C} = (c_1, \cdots, c_n)$, 则 $\langle c_i, c_j \rangle = \delta_{ij}, i, j = 1, \cdots, n), \langle , \rangle$ 相对于基 $\mathcal{C}$ 有矩阵

$$M_{\mathcal{C}} = \begin{pmatrix} 1 & & \\ & \ddots & \\ & & 1 \end{pmatrix} = I_n,$$

这里 I_n 为 n 维单位矩阵.

用矩阵的语言表达为:

若 P 是 n 阶非奇异的对称矩阵, 则 P 相合于对角阵 $\begin{pmatrix} a_1 & & \\ & \ddots & \\ & & a_n \end{pmatrix}$,

这里 $a_i \neq 0, i = 1, \cdots, n$. 即存在 n 阶非奇异矩阵 Q , 使得

$$P = Q^{\mathrm{T}} \begin{pmatrix} a_1 & & \\ & \ddots & \\ & & a_n \end{pmatrix} Q.$$

若 F 是代数封闭域, 则 P 相合于 I_n, 即 P 可以写成

$$P = Q^{\mathrm{T}} Q,$$

这里 Q 为 n 阶非奇异矩阵.

若 F 为实数域 $\mathbf{R}$, $\mathbf{R}$ 不是代数封闭域, 但可取 $r_i = 1/\sqrt{|a_i|}, i = 1, \cdots, n$, 于是 $M_{\mathcal{C}}$ 成为

$$M_{\mathcal{C}} = \begin{pmatrix} 1 & & & & & \\ & \ddots & & & & \\ & & 1 & & & \\ & & & -1 & & \\ & & & & \ddots & \\ & & & & & -1 \end{pmatrix},$$

即在主对角线上的元素，一部分为 $+1$, 一部分为 -1, 也就是 V 有一组正交基 $(u_1, \cdots, u_k, v_1, \cdots, v_{n-k})$, 而 $\langle u_i, u_i \rangle = 1, i = 1, \cdots, k, \langle v_j, v_j \rangle = -1, j = 1, \cdots, n-k$.

要证 k 由 $\langle , \rangle$ 唯一决定，而与 V 的基的选择无关.

记

$$\mathcal{P} = \mathrm{span}\{u_1, \cdots, u_k\}, \qquad \mathcal{V} = \mathrm{span}\{v_1, \cdots, v_{n-k}\}.$$

若 $v = \sum r_i u_i \in \mathcal{P}$, 则

$$\langle v, v \rangle = \langle \sum r_i u_i, \sum r_j u_j \rangle = \sum r_i r_j \langle u_i, u_j \rangle = \sum r_i r_j \delta_{ij} = \sum r_i^2 \geq 0.$$

同样可证：若 $v \in \mathcal{V}$, 则 $\langle v, v \rangle \leq 0$.

如果 V 有另一组正交基 $\mathcal{C} = (\overline{u}_1, \cdots, \overline{u}_l, \overline{v}_1, \cdots, \overline{v}_{n-l})$, 这里 $\langle \overline{u}_i, \overline{u}_i \rangle = 1, i = 1, \cdots, l, \langle \overline{v}_j, \overline{v}_j \rangle = -1, j = 1, \cdots, n-l$, 记

$$\overline{\mathcal{P}} = \mathrm{span}\{\overline{u}_1, \cdots, \overline{u}_l\}, \qquad \overline{\mathcal{V}} = \mathrm{span}\{\overline{v}_1, \cdots, \overline{v}_{n-l}\},$$

则

$$\mathcal{P} \cap \overline{\mathcal{V}} = \{0\}.$$

这是因为：若 $v \in \mathcal{P} \cap \overline{\mathcal{V}}$, 则由于 $v \in \mathcal{P}$, 则 $\langle v, v \rangle \geq 0$, 由于 $v \in \overline{\mathcal{V}}$, 故 $\langle v, v \rangle \leq 0$, 因此，$\langle v, v \rangle = 0$, 故 $v = 0$.

由于 $\mathcal{P}, \overline{\mathcal{V}}$ 均为 V 的子空间，且交为 $\{0\}$, 故由 (2.1.1),

$$\dim(\mathcal{P}) + \dim(\overline{\mathcal{V}}) \leq \dim(V),$$

即 $k + (n - l) \leq n$, 即 $k \leq l$, 同样可证 $l \leq k$, 故 $k = l$.

归纳起来有如下定理.

定理 2.3.6 (Sylvester 惯性定理) 若 $(V, \langle , \rangle)$ 为 n 维实数域 $\mathbf{R}$ 上的非奇异对称度量向量空间，则 V 有正交基 $\mathcal{B} = (u_1, \cdots, u_k, v_1, \cdots, v_{n-k})$ 使得 $\langle u_i, u_i \rangle = 1, i = 1, \cdots, k, \langle v_j, v_j \rangle = -1, j = 1, \cdots, n-k$, 在基 $\mathcal{B}$ 下，$\langle , \rangle$ 的矩阵为

$$M_{\mathcal{B}} = \begin{pmatrix} I_k & 0 \\ 0 & -I_{n-k} \end{pmatrix},$$

这里 k 由 $\langle,\rangle$ 唯一决定, 而与 V 的基的选取无关.

用矩阵的语言表达为:

若 P 为实数域上的 n 阶非奇异对称矩阵, 则 P 相合于 $\begin{pmatrix} I_k & 0 \\ 0 & -I_{n-k} \end{pmatrix}$,

这里 k 由 P 唯一决定, 即存在非奇异的 n 阶矩阵 Q, 使得

$$P = Q^{\mathrm{T}} \begin{pmatrix} I_k & 0 \\ 0 & -I_{n-k} \end{pmatrix} Q.$$

如果用双线性形式的语言来说, 第 5、6 条可以总结为如下结论.

若 $(V, \langle,\rangle)$ 为域 F 上的 n 维非奇异度量空间.

(1) 若 $\langle,\rangle$ 为斜对称, 则存在 V 的一组基 $\mathcal{B}$, 使得对任意 $x, y \in V$, 有

$$\langle x, y \rangle = \xi_1 \eta_2 - \xi_2 \eta_1 + \cdots + \xi_{n-1} \eta_n - \xi_n \eta_{n-1},$$

这里 $(\xi_1, \cdots, \xi_n)^{\mathrm{T}}, (\eta_1, \cdots, \eta_n)^{\mathrm{T}}$ 分别为 x, y 在基 $\mathcal{B}$ 下的坐标.

(2) 若 $\langle,\rangle$ 为对称, 则存在 V 的一组正交基 $\mathcal{B} = (v_1, \cdots, v_n)$, 使得对任意 $x, y \in V$, 有

$$\langle x, y \rangle = a_1 \xi_1 \eta_1 + \cdots + a_n \xi_n \eta_n,$$

这里 $(\xi_1, \cdots, \xi_n)^{\mathrm{T}}, (\eta_1, \cdots, \eta_n)^{\mathrm{T}}$ 分别为 x, y 在基 $\mathcal{B}$ 下的坐标, 而 $a_i = \langle v_i, v_i \rangle, i = 1, \cdots, n$.

若域 F 为代数封闭域, 则存在 V 的一组正规正交基 $\mathcal{B} = (v_1, \cdots, v_n)$, 使得对任意 $x, y \in V$, 有

$$\langle x, y \rangle = \xi_1 \eta_1 + \cdots + \xi_n \eta_n.$$

若域 F 为实数域, 则存在 V 的一组正交基 $\mathcal{B} = (u_1, \cdots, u_k, v_1, \cdots, v_{n-k})$, 使得对任意 $x, y \in V$, 有

$$\langle x, y \rangle = \xi_1 \eta_1 + \cdots + \xi_k \eta_k - \xi_{k+1} \eta_{k+1} - \cdots - \xi_n \eta_n,$$

这里 $(\xi_1, \cdots, \xi_n)^{\mathrm{T}}, (\eta_1, \cdots, \eta_n)^{\mathrm{T}}$ 分别为 x, y 在基 $\mathcal{B}$ 下的坐标, 而 k 只与 $\langle,\rangle$ 有关, 而与基的选取无关.

特别对二次型 $\langle x, x \rangle$ 可表为

$$\langle x, x \rangle = a_1 \xi_1^2 + \cdots + a_n \xi_n^2 .$$

当 F 为代数封闭域时,

$$\langle x, x \rangle = \xi_1^2 + \cdots + \xi_n^2 .$$

当 F 为实数域 $\mathbf{R}$ 时,

$$\langle x, x \rangle = \xi_1^2 + \cdots + \xi_k^2 - \xi_{k+1}^2 - \cdots - \xi_n^2 .$$

2.4 内积空间

当域 F 为实数域 $\mathbf{R}$ 或复数域 $\mathbf{C}$ 时,还有重要的内积空间,这是大家十分熟悉的空间.

定义 2.4.1 若 V 是 F 上的向量空间,这里 F 是实数域 $\mathbf{R}$ 或复数域 $\mathbf{C}$, 若存在映射 $\langle , \rangle : V \times V \to F$ 满足

1) (正定性, positive definiteness) 对所有 $v \in V$ 有

$$\langle v, v \rangle \geq 0.$$

而 $\langle v, v \rangle = 0$, 当且仅当 $v = 0$.

2) 当 $F = \mathbf{C}$ 时,有(共轭对称或 Hermite 对称)

$$\langle u, v \rangle = \overline{\langle v, u \rangle}.$$

当 $F = \mathbf{R}$ 时,有(对称性)

$$\langle u, v \rangle = \langle v, u \rangle.$$

3) (第一坐标是线性, linearity in the first coordinate) 对所有的 u, v, $w \in V$ 及 $r, s \in F$, 有

$$\langle ru + sv, w \rangle = r \langle u, w \rangle + s \langle v, w \rangle,$$

则称 $\langle , \rangle$ 为 V 上的内积 (inner product)，有内积的向量空间称为内积空间 (inner product space).

当 F 为 $\mathbf{R}$ 时，称内积空间为**实欧几里得空间**(Euclidean space)，显然这是一个正定的对称非奇异的度量空间.

当 F 为 $\mathbf{C}$ 时，称内积空间为**复欧几里得空间**，也称**酉空间** (unitary space). 此时，由 2) 及 3) 可得：对所有 $u, v, w \in V$ 及 $r, s \in F$，有

$$\langle w, ru + sv \rangle = \overline{r}\langle w, u \rangle + \overline{s}\langle w, v \rangle,$$

称为共轭线性 (conjugate linearity). 因此，此时 $\langle , \rangle$ 不是双线性形式，故 $(V, \langle , \rangle)$ 不是度量向量空间.

若 $v \in V$，称

$$\| v \| = \sqrt{\langle v, v \rangle}$$

为 V 的**长度**(length) 或**范数**(norm).

若 $u, v \in V$，称

$$\| u - v \|$$

为 u, v 之间的**距离**(distance)，记作 $d(u, v)$. 有了距离的概念，就可以在 V 上定义向量序列的收敛，集合的闭、开、闭包、邻域、完备性以及连续等概念. 还可以有：

1) (Cauchy 不等式) 对所有 $u, v \in V$，有

$$|\langle u, v \rangle| \leq \| u \| \| v \|;$$

2) (三角不等式) 对所有 $u, v \in V$，有

$$\| u + v \| \leq \| u \| + \| v \|;$$

3) (平行四边形法则) 对所有 $u, v \in V$ 有

$$\| u + v \|^2 + \| u - v \|^2 = 2 \| u \|^2 + 2 \| v \|^2;$$

4) (距离的三角不等式) 对所有 $u, v, w \in V$, 有

$$d(u,v) \le d(u,w) + d(w,v);$$

等等.

还可以由范数直接定义范数线性空间.

若 V 是一个向量空间, 且在 V 上有函数 $\|\cdot\|: V \to \mathbf{R}$, 满足

1) $\| v \| \ge 0$, 且 $\| v \| = 0$ 当且仅当 $v = 0$;

2) 对所有 $r \in F, v \in V$, 有 $\| rv \| = |r| \| v \|$;

3) 对所有 $u, v \in V$, 有

$$\| u + v \| \le \| u \| + \| v \| \ .$$

则称 $\|\cdot\|$ 为 V 上的一个范数, $(V, \|\cdot\|)$ 称为**范数线性空间**(normed linear space). 这是内积空间的一种推广.

对内积空间, 也可以像在上一节中那样来定义正交的概念, 只是用内积来替代双线性形式, 于是可以有正交补、正交基及 Riesz 表示定理等.

这里只叙述 Riesz 表示定理.

若 V 是一个有限维内积空间, $f \in V^*$, 则存在唯一的向量 $x \in V$, 使得对任意的 $v \in V$, 有

$$f(v) = \langle v, x \rangle.$$

对于内积空间将在 3.3 节, 5.5 节中进一步讨论之.

第三讲　线　性　变　换

3.1　线性变换的矩阵表示

如前所述, 线性代数是研究线性空间 (向量空间)、模和其上线性变换以及与之相关的问题 (如线性、双线性、二次函数等) 的数学学科. 在上一讲中讨论了向量空间以及其上的线性泛函及对偶空间; 其上的双线性形式、二次型及度量向量空间, 正交几何与辛几何的分类; 还有大家十分熟悉的内积空间. 在这一讲中将讨论向量空间上的线性变换以及与之相关的共轭算子及伴随算子.

设 V, W 分别是域 F 上的 n 维与 m 维向量空间. 在这一节中要证明每个 $\tau \in \mathcal{L}(V, W)$ 与 $\mathcal{M}_{m,n}(F)$ 中的一个矩阵相对应, 这就是 τ 在 $\mathcal{M}_{m,n}(F)$ 中的矩阵表示. 不但如此, 还要证明: $\mathcal{L}(V, W)$ 与 $\mathcal{M}_{m,n}(F)$ 是同构的. 故对 $\mathcal{L}(V, W)$ 的讨论就是对 $\mathcal{M}_{m,n}(F)$ 的讨论.

若 $\tau \in \mathcal{L}(V, W)$, $\mathcal{B} = (b_1, \cdots, b_n)$ 与 $\mathcal{C} = (c_1, \cdots, c_m)$ 分别是 V 与 W 的基, 任给 $v \in V$, 则 v 在基 $\mathcal{B}$ 下的坐标为 $[v]_{\mathcal{B}} = \begin{pmatrix} r_1 \\ \vdots \\ r_n \end{pmatrix}$, $\tau(v)$ 在基 $\mathcal{C}$ 下的坐标为 $[\tau(v)]_{\mathcal{C}} = \begin{pmatrix} s_1 \\ \vdots \\ s_m \end{pmatrix}$. 于是对应于 τ, 在 F^n 与 F^m 之间有一线性变换 $\tau_A : [v]_{\mathcal{B}} \to [\tau(v)]_{\mathcal{C}}, \tau_A \in \mathcal{L}(F^n, F^m)$, 即对应于 τ, 有一 $m \times n$ 的矩阵 A, 使得

$$[\tau(v)]_{\mathcal{C}} = A[v]_{\mathcal{B}}.$$

现在来决定 A, 记 $A = (A_1, \cdots, A_n)$, 这里 $A_i, i = 1, \cdots, n$, 为列向量. 取 $v = b_i, i = 1, \cdots, n$, 则立得 $A_i = [\tau(b_i)]_{\mathcal{C}}$, 故

$$A = ([\tau(b_1)]_\mathcal{C}, \cdots, [\tau(b_n)]_\mathcal{C}) .$$

记 A 为 $[\tau]_{\mathcal{B},\mathcal{C}}$, 于是

$$[\tau(v)]_\mathcal{C} = [\tau]_{\mathcal{B},\mathcal{C}}[v]_\mathcal{B} .$$

$[\tau]_{\mathcal{B},\mathcal{C}}$ 即为当 V 的基为 $\mathcal{B}$, W 的基为 $\mathcal{C}$ 时, τ 的矩阵表示.

于是可定义映射 $\phi : \mathcal{L}(V,W) \to \mathcal{M}_{m,n}(F)$ 为 $\phi(\tau) = [\tau]_{\mathcal{B},\mathcal{C}}$. 来证这是一个同构映射.

先证 ϕ 为线性映射.

若 $s,t \in F$, $\sigma,\tau \in \mathcal{L}(V,W)$, 则对 $i = 1,\cdots,n$, 有

$$[(s\sigma + t\tau)(b_i)]_\mathcal{C} = [s\sigma(b_i) + t\tau(b_i)]_\mathcal{C} = s[\sigma(b_i)]_\mathcal{C} + t[\tau(b_i)]_\mathcal{C} .$$

故

$$\phi(s\sigma + t\tau) = [s\sigma + t\tau]_{\mathcal{B},\mathcal{C}} = s[\sigma]_{\mathcal{B},\mathcal{C}} + t[\tau]_{\mathcal{B},\mathcal{C}} = s\phi(\sigma) + t\phi(\tau) .$$

即 ϕ 为线性.

再证 ϕ 为满射. 若 A 为一个 $m \times n$ 矩阵, 且可写成 $(A_1,\cdots,A_n)$, 这里 $A_i, i = 1,\cdots,n$, 为列向量, 定义 $\tau : V \to W$, 使得 $[\tau(b_i)]_\mathcal{C} = A_i, i = 1,\cdots,n$. 这是可以做到的. 故 ϕ 为满射.

再证 ϕ 为单射. 由于 $[\tau]_{\mathcal{B},\mathcal{C}} = 0$, 导出 $[\tau(b_i)]_\mathcal{C} = 0$, $i = 1,\cdots,n$, 又导出 $\tau(b_i) = 0, i = 1,\cdots,n$, 故 $\tau = 0$.

因此 ϕ 是同构映射, 于是有如下定理.

定理 3.1.1 $\mathcal{L}(V,W) \approx \mathcal{M}_{m,n}(F)$.

由 τ 的矩阵表示还可导出: 若 $\sigma : U \to V, \tau : V \to W$, 且 $\mathcal{B},\mathcal{C}$ 与 $\mathcal{D}$ 分别为 U,V,W 的基, 则

$$[\tau\sigma]_{\mathcal{B},\mathcal{D}} = [\tau]_{\mathcal{C},\mathcal{D}}[\sigma]_{\mathcal{B},\mathcal{C}}.$$

因此, $\tau\sigma$ 的矩阵表示为 τ 与 σ 的矩阵表示的乘积.

验证如下. 由于当 $v \in U, w \in V$ 时, 有

$$[\sigma(v)]_\mathcal{C} = [\sigma]_{\mathcal{B},\mathcal{C}}[v]_\mathcal{B} \quad \text{及} \quad [\tau(w)]_\mathcal{D} = [\tau]_{\mathcal{C},\mathcal{D}}[w]_\mathcal{C},$$

故

$$[\tau]_{C,D}[\sigma]_{B,C}[v]_B = [\tau]_{C,D}[\sigma(v)]_C = [\tau(\sigma(v))]_D = [\tau\sigma]_{B,D}\,[v]_B.$$

若 $\tau \in \mathcal{L}(V,W)$ ，来讨论当 V 与 W 的基变换时， τ 的相应的矩阵之间的关系.

若 B, C 分别是 V, W 的基， B', C' 也分别是 V, W 的基， τ 对基 B, C 及 B', C' 分别有矩阵表示 $[\tau]_{B,C}$ 及 $[\tau]_{B',C'}$，于是有：对于任意 $v \in V$，有

$$[\tau(v)]_C = [\tau]_{B,C}[v]_B,$$

$$[\tau(v)]_{C'} = [\tau]_{B',C'}[v]_{B'}.$$

在第二讲中已知：对于任意 $v \in V$ 有

$$[v]_{B'} = M_{B,B'}[v]_B \quad 及 \quad [\tau(v)]_{C'} = M_{C,C'}[\tau(v)]_C.$$

将这里结果代入上式，得

$$[\tau(v)]_{C'} = M_{C,C'}[\tau(v)]_C = M_{C,C'}[\tau]_{B,C}[v]_B \ .$$

而

$$[\tau(v)]_{C'} = [\tau]_{B',C'}[v]_{B'} = [\tau]_{B',C'}M_{B,B'}[v]_B \ .$$

由于 v 可取 V 中任意向量，故

$$[\tau]_{B',C'}M_{B,B'} = M_{C,C'}[\tau]_{B,C} \ ,$$

即为

$$[\tau]_{B',C'} = M_{C,C'}[\tau]_{B,C}M_{B,B'}^{-1} \ ,$$

即 $[\tau]_{B',C'}$ 与 $[\tau]_{B,C}$ 是等价的.

特别当 $W = V$ ，及 $\tau \in \mathcal{L}(V)$ ，且 $B = C, B' = C', [\tau]_{B,B} = [\tau]_B$ ， $[\tau]_{B',B'} = [\tau]_{B'}$ ，于是有

$$[\tau]_{B'} = M_{B,B'}[\tau]_B(M_{B,B'})^{-1} \ .$$

即 $[\tau]_{B'}$ 与 $[\tau]_B$ 是相似的.

在第五讲中将讨论 τ 在相似意义下的分类.

3.2 伴随算子

由线性变换 $\tau \in \mathcal{L}(V, W)$，可以导出各种与之相关的线性变换来. 在这一节中先来定义与讨论在一般向量空间上的线性变换的伴随算子.

若 $\tau \in \mathcal{L}(V, W)$，可定义 W 的对偶空间 W^* 到 V 的对偶空间 V^* 的映照 $\tau^\times : W^* \to V^*$ 为

$$\tau^\times(f) = f \circ \tau = f\tau .$$

这里 $f \in W^*$，这是有意义的，因为 $\tau : V \to W, f : W \to F$，故 $f\tau : V \to F$ 是属于 V^*，即对任意 $v \in V$，有

$$\tau^\times(f)(v) = f(\tau(v)) .$$

$\tau^\times$ 称为 τ 的**伴随算子**.

易证如下命题.

命题 3.2.1 1) 对任意 $\tau, \sigma \in \mathcal{L}(V, W)$，有 $(\tau + \sigma)^\times = \tau^\times + \sigma^\times$.

2) 对任意 $r \in F, \tau \in \mathcal{L}(V, W)$，有 $(r\tau)^\times = r\tau^\times$.

3) 对 $\tau \in \mathcal{L}(V, W), \sigma \in \mathcal{L}(W, U)$，有 $(\sigma\tau)^\times = \tau^\times \sigma^\times$.

4) 对任意可逆 $\tau \in \mathcal{L}(V)$，有 $(\tau^{-1})^\times = (\tau^\times)^{-1}$.

证 1)、2) 是显然成立的. 对于 $f \in U^*, (\sigma\tau)^\times(f) = f\sigma\tau = \tau^\times(f\sigma) = \tau^\times(\sigma^\times(f)) = (\tau^\times \sigma^\times)(f)$. 故得 3). 由 3)，$\tau^\times(\tau^{-1})^\times = (\tau^{-1}\tau)^\times = i^\times = i$，这里 i 为恒等映射. 同样 $(\tau^{-1})^\times \tau^\times = i$. 故得 4).

命题 3.2.2 若 V 为有限维，$\tau \in \mathcal{L}(V, W)$，且等同 V^{**} 为 V, W^{**} 为 W，则 $\tau^{\times\times} = \tau$.

证 由定义，$\tau^{\times\times} : V^{**} \to W^{**}$. 对任意 $f \in W^*$ 有

$$\tau^{\times\times}(v^{**})(f) = v^{**}\tau^\times(f) = v^{**}(f\tau) = f\tau(v) = \tau(v)^{**}(f) ,$$

这里 v^{**} 由 2.2 节中定义：v^{**} 由 v 而来，$v^{**} \in V^{**}$，定义为 $v^{**}(g) = g(v)$，这里 $g \in V^*$.

由上式即得

$$\tau^{\times\times}(v^{**}) = \tau(v)^{**} .$$

如果 V^{**} 与 V 等同, W^{**} 与 W 等同, 则上式即为

$$\tau^{\times\times}(v) = \tau(v).$$

对所有 $v \in V$ 都成立, 故 $\tau^{\times\times} = \tau$.

此外, 伴随算子与 2.2 节中定义的零化子还有以下一些结果.

命题 3.2.3   若 $\tau \in \mathcal{L}(V, W)$, 则

1) $\ker(\tau^{\times}) = \mathrm{im}(\tau)^{\circ}$;

2) $\mathrm{im}(\tau^{\times})^{\circ} = \ker(\tau)$;

3) 当 $\dim(V) < \infty, \dim(W) < \infty, \mathrm{im}(\tau^{\times}) = \ker(\tau)^{\circ}$.

证   由定义, $\tau : V \to W, \tau^{\times} : W^* \to V^*$, 故 $f \in \ker(\tau^{\times}) \Leftrightarrow \tau^{\times}(f) = 0 \Leftrightarrow f\tau = 0 \Leftrightarrow$ 对所有 $v \in V, f(\tau(v)) = 0 \Leftrightarrow f(\mathrm{im}(\tau)) = 0 \Leftrightarrow f \in \mathrm{im}(\tau)^{\circ}$. 这就证明了 1).

由于 $v \in \ker(\tau) \Leftrightarrow \tau(v) = 0 \Leftrightarrow$ 对所有 $f \in W^*, f(\tau(v)) = 0 \Leftrightarrow$ 对所有 $f \in W^*, \tau^{\times}(f)(v) = 0 \Leftrightarrow v^{**}(\tau^{\times}(f)) = 0$ 对所有 $f \in W^*$ 都成立 $\Leftrightarrow$ $v^{**} \in \mathrm{im}(\tau^{\times})^{\circ}$. 若 V^{**} 与 V 等同, 即得 2).

最后来证 3). 对所有 $v \in \ker(\tau), f \in W^*$, 有

$$\tau^{\times}(f)(v) = f(\tau(v)) = 0.$$

故 $\tau^{\times}(f)(\ker(\tau)) = 0$, 即 $\tau^{\times}(f) \in \ker(\tau)^{\circ}$, 这对所有的 $f \in W^*$ 都成立, 故

$$\mathrm{im}(\tau^{\times}) \subset \ker(\tau)^{\circ}.$$

若空间是有限维, 则由命题 2.2.4 以及上述 2),

$$\mathrm{im}(\tau^{\times}) \approx \mathrm{im}(\tau^{\times})^{\circ\circ} \approx \ker(\tau)^{\circ}.$$

故 $\mathrm{im}(\tau^{\times}) = \ker(\tau)^{\circ}$.

由此还可得到如下命题.

命题 3.2.4   若 $\tau \in \mathcal{L}(V, W), V, W$ 为有限维, 则秩 $\mathrm{rk}(\tau) = \mathrm{rk}(\tau^{\times})$.

证   由命题 3.2.3 中 3), $\mathrm{im}(\tau^{\times}) = \ker(\tau)^{\circ}$.

由命题 2.2.6 中 1) 知

$$\ker(\tau)^\circ \approx (\ker(\tau)^c)^* \, ,$$

这里 $\ker(\tau)^c$ 为 $\ker(\tau)$ 在 V 中的余集, 故

$$\dim(\ker(\tau)^\circ) = \dim[(\ker(\tau)^c)^*] = \dim(\ker(\tau)^c) = \dim(\mathrm{im}(\tau)),$$

这是因为 $\ker(\tau)^c \approx \mathrm{im}(\tau)$. 于是 $\mathrm{rk}(\tau^\times) = \mathrm{rk}(\tau)$, 证毕.

若 V, W 为有限维, $\tau \in \mathcal{L}(V, W), \tau^\times \in \mathcal{L}(W^*, V^*), \mathcal{B} = (b_1, \cdots, b_n), \mathcal{C} = (c_1, \cdots, c_n)$ 分别为 V, W 的基, 而 $\mathcal{B}^* = (b_1^*, \cdots, b_n^*), \mathcal{C}^* = (c_1^*, \cdots, c_n^*)$ 分别为对偶基, 于是 τ 有矩阵表示 $[\tau]_{\mathcal{B}, \mathcal{C}}, \tau^\times$ 有矩阵表示 $[\tau^\times]_{\mathcal{C}^*, \mathcal{B}^*}$. 这两个矩阵之间关系如何?

已知

$$[\tau]_{\mathcal{B}, \mathcal{C}} = ([\tau(b_1)]_{\mathcal{C}}, \cdots, [\tau(b_n)]_{\mathcal{C}}) \, ,$$

及

$$[\tau^\times]_{\mathcal{C}^*, \mathcal{B}^*} = ([\tau^\times(c_1^*)]_{\mathcal{B}^*}, \cdots, [\tau^\times(c_n^*)]_{\mathcal{B}^*}) \, ,$$

由于 $\tau(b_i) \in W$, 故在基 $\mathcal{C}$ 下, 这可表示为

$$\tau(b_i) = \beta_1^{(i)} c_1 + \cdots + \beta_n^{(i)} c_n \, ,$$

即 $[\tau(b_i)]_{\mathcal{C}} = \begin{pmatrix} \beta_1^{(i)} \\ \vdots \\ \beta_n^{(i)} \end{pmatrix}, i = 1, \cdots, n$, 于是

$$[\tau]_{\mathcal{B}, \mathcal{C}} = \begin{pmatrix} \beta_1^{(1)} & \cdots & \beta_1^{(n)} \\ \vdots & & \vdots \\ \beta_n^{(1)} & \cdots & \beta_n^{(n)} \end{pmatrix}.$$

由于 $\tau^\times(c_i^*) \in V^*$, 故在基 $\mathcal{B}^*$ 下, 这可表示为

$$\tau^\times(c_i^*) = \alpha_1^{(i)} b_1^* + \cdots + \alpha_n^{(i)} b_n^* \, ,$$

即 $[\tau^\times(c_i^*)]_{\mathcal{B}^*} = \begin{pmatrix} \alpha_1^{(i)} \\ \vdots \\ \alpha_n^{(i)} \end{pmatrix}, i = 1, \cdots, n,$ 于是

$$[\tau^\times]_{\mathcal{C}^*, \mathcal{B}^*} = \begin{pmatrix} \alpha_1^{(1)} & \cdots & \alpha_1^{(n)} \\ \vdots & & \vdots \\ \alpha_n^{(1)} & \cdots & \alpha_n^{(n)} \end{pmatrix}.$$

由 $\tau^\times$ 的定义知

$$\tau^\times(c_j^*)(b_i) = c_j^*(\tau(b_i)), \quad i, j = 1, \cdots, n,$$

而这就是

$$\alpha_i^{(j)} = \beta_j^{(i)}.$$

于是得到如下定理.

定理 3.2.1

$$[\tau^\times]_{\mathcal{C}^*, \mathcal{B}^*} = ([\tau]_{\mathcal{B}, \mathcal{C}})^{\mathrm{T}}.$$

即 τ 的伴随算子 $\tau^\times$ 所对应的矩阵是 τ 所对应的矩阵的转置.

3.3　共轭算子

在上一节中对于一般的向量空间上的线性变换, 定义并讨论了其伴随算子. 当向量空间是内积空间, 对其上的线性变换, 则可定义并讨论其共轭算子, 这是内积空间中十分重要的算子, 由此可以导出一系列的结果, 这是本节的内容.

由内积空间的 Riesz 表示定理 (见 2.4 节), 若 V 是有限维内积空间, $f \in V^*$, 则存在唯一的 $x \in V$, 使得

$$f(v) = \langle v, x \rangle$$

对所有 $v \in V$ 都成立. 由此可以定义映射 $\phi : V^* \to V$ 为 $\phi(f) = x$, 即 $\phi(f)$ 定义为

$$f(v) = \langle v, \phi(f) \rangle .$$

由于对 $v \in V, f, g \in V^*, r, s \in F$,

$$\langle v, \phi(rf + sg) \rangle = (rf + sg)(v) = rf(v) + sg(v)$$
$$= \langle v, \overline{r}\phi(f) \rangle + \langle v, \overline{s}\phi(g) \rangle = (v, \overline{r}\phi(f) + \overline{s}\phi(g)),$$

即

$$\phi(rf + sg) = \overline{r}\phi(f) + \overline{s}\phi(g) ,$$

于是 ϕ 为共轭线性 (conjugate linear). ϕ 显然是满射. 由于 $\phi(f) = 0$ 导出 $f = 0$, 故 ϕ 也是单射, 从而 $\phi : V^* \to V$ 为 "共轭同构" (conjugate isomorphism).

若 V, W 为域 F 上的有限维内积空间, $\tau \in \mathcal{L}(V, W)$, 对一固定的 $w \in W$, 考虑函数 $\theta_w : V \to F$ 定义为

$$\theta_w(v) = \langle \tau(v), w \rangle.$$

易证, θ_w 是 V 上的线性泛函. 由 Riesz 表示定理, 存在唯一的 $x \in V$, 使得

$$\theta_w(v) = \langle \tau(v), w \rangle = \langle v, x \rangle$$

对所有的 $v \in V$ 都成立, 令 $\tau^*(w) = x$, 则

$$\langle \tau(v), w \rangle = \langle v, \tau^*(w) \rangle$$

对所有的 $v \in V$ 都成立, 故存在唯一的 τ^* 使上式成立. 可证 τ^* 是线性的. 由于对任意的 $v \in V, w, w' \in W$,

$$\langle v, \tau^*(rw + sw') \rangle = \langle \tau(v), rw + sw' \rangle = \overline{r} \langle \tau(v), w \rangle + \overline{s} \langle \tau(v), w' \rangle$$
$$= \overline{r} \langle v, \tau^*(w) \rangle + \overline{s} \langle v, \tau^*(w') \rangle = \langle v, r\tau^* w \rangle + \langle v, s\tau^*(w') \rangle$$
$$= \langle v, r\tau^*(w) + s\tau^*(w') \rangle,$$

故

$$\tau^*(rw + sw') = r\tau^*(w) + s\tau^*(w') .$$

因此，$\tau^* \in \mathcal{L}(W, V)$，称 τ^* 为 τ 的共轭 (adjoint).

　　来讨论 τ^* 与 $\tau^\times$ 之间的关系.

　　若 V, W 是 F 上的两个向量空间，$\tau \in \mathcal{L}(V, W)$，则

$$\tau^\times : W^* \to V^*$$

及

$$\tau^* : W \to V .$$

于是由前面定义的 $\phi_1 : V^* \to V, \phi_2 : W^* \to W,$

$$\begin{array}{ccc}
V^* & \xleftarrow{\ \tau^\times\ } & W^* \\
\phi_1 \downarrow & & \phi_2 \downarrow \\
V & \xleftarrow{\ \tau^*\ } & W
\end{array}$$

　　定义 $\sigma : W^* \to V^*$ 为

$$\sigma = (\phi_1)^{-1} \tau^* \phi_2.$$

这是线性映射.

　　若 $x \in V, \phi_1^{-1}(x) = g$，则 $\phi_1(g) = x,$

$$\phi_1^{-1}(x)(v) = g(v) = \langle v, \phi_1(g) \rangle = \langle v, x \rangle .$$

因此对任意 $f \in W^*, v \in V$，有

$$[\sigma(f)](v) = [(\phi_1)^{-1} \tau^* \phi_2(f)](v) = (\phi_1)^{-1}[\tau^* \phi_2(f)](v) = \langle v, \tau^* \phi_2(f) \rangle$$

$$= \langle \tau(v), \phi_2(f) \rangle = f(\tau(v)) = \tau^\times(f)(v),$$

故 $\sigma = \tau^\times$. 因此

$$\tau^\times = (\phi_1)^{-1} \tau^* \phi_2,$$

即上图是交换图.

若 $\mathcal{B} = (b_1, b_2, \cdots, b_n)$ 是 V 的一组正规正交基, 而 $\mathcal{C} = (c_1, c_2, \cdots, c_m)$ 是 W 的一组正规正交基. 已知

$$[\tau]_{\mathcal{B},\mathcal{C}} = ([\tau(b_1)]_{\mathcal{C}}, \cdots, [\tau(b_n)_{\mathcal{C}}]) = \begin{pmatrix} \beta_1^{(1)} & \beta_1^{(2)} & \cdots & \beta_1^{(n)} \\ \beta_2^{(1)} & \beta_2^{(2)} & \cdots & \beta_2^{(n)} \\ \vdots & \vdots & & \vdots \\ \beta_m^{(1)} & \beta_m^{(2)} & \cdots & \beta_m^{(n)} \end{pmatrix},$$

于是 $\beta_j^{(i)} = \langle \tau(b_i), c_j \rangle$.

而

$$[\tau^*]_{\mathcal{C},\mathcal{B}} = ([\tau^*(c_1)]_{\mathcal{B}}, \cdots, [\tau^*(c_m)_{\mathcal{B}}]) = \begin{pmatrix} \gamma_1^{(1)} & \gamma_1^{(2)} & \cdots & \gamma_1^{(m)} \\ \gamma_2^{(1)} & \gamma_2^{(2)} & \cdots & \gamma_2^{(m)} \\ \vdots & \vdots & & \vdots \\ \gamma_n^{(1)} & \gamma_n^{(2)} & \cdots & \gamma_n^{(m)} \end{pmatrix},$$

于是 $\gamma_j^{(i)} = \langle \tau^*(c_i), b_j \rangle$.

但是 $\langle \tau^*(c_i), b_j \rangle = \overline{\langle b_j, \tau^*(c_i) \rangle} = \overline{\langle \tau(b_j), c_i \rangle} = \overline{\beta_i^{(j)}}$, 因此得到如下定理.

定理 3.3.1

$$[\tau^*]_{\mathcal{C},\mathcal{B}} = \overline{[\tau]_{\mathcal{B},\mathcal{C}}}^{\mathrm{T}} = ([\tau]_{\mathcal{B},\mathcal{C}})^*,$$

即 τ 的共轭所对应矩阵为 τ 所对应矩阵的共轭转置, 也用 $*$ 来记之.

对于 τ 的共轭, 易证有以下的这些性质.

命题 3.3.1 若 V, W 为有限维内积空间, $\sigma, \tau \in \mathcal{L}(V, W)$, 则

1) $\langle \tau^*(w), v \rangle = \langle w, \tau(v) \rangle$;

2) $(\sigma + \tau)^* = \sigma^* + \tau^*$;

3) $(r\tau)^* = \bar{r}\tau^*, r \in F$;

4) $\tau^{**} = \tau$;

5) 若 $V = W$, 则 $(\sigma\tau)^* = \tau^*\sigma^*$;

6) 若 τ 可逆, 则 $(\tau^{-1})^* = (\tau^*)^{-1}$.

进一步, 可给出如下的定义.

定义 3.3.1　若 V 是内积空间, $\tau \in \mathcal{L}(V)$, 则

1) 称 τ 是**自共轭**(self-adjoint) 或 **埃尔米特**(Hermitian), 若 $\tau^* = \tau$;

2) 称 τ 是**酉**(unitary), 若 τ 是双射且 $\tau^* = \tau^{-1}$;

3) 称 τ 是**正规**(normal), 若 $\tau\tau^* = \tau^*\tau$.

当 A 是复矩阵, 可定义:

1) A 是**埃尔米特**(Hermitian), 若 $A^* = A$;

2) A 是**斜埃尔米特**(skew-Hermitian), 若 $A^* = -A$;

3) A 是**酉**, 若 A 可逆且 $A^* = A^{-1}$;

4) A 是**正规**, 若 $AA^* = A^*A$;

当 A 是实矩阵, 可定义:

1) A 是**对称**, 若 $A^{\mathrm{T}} = A$;

2) A 是**斜对称**, 若 $A^{\mathrm{T}} = -A$;

3) A 是**正交**, 若 A 可逆且 $A^{\mathrm{T}} = A^{-1}$.

易证 τ 是正规、自共轭、酉的当且仅当 τ 在正规正交基下对应的矩阵是正规、埃尔米特、酉阵.

下面来讨论这三类算子.

1. 自共轭算子

由定义 $\tau \in \mathcal{L}(V)$ 是自共轭, 若对所有的 $v, w \in V$ 有

$$\langle \tau(v), w \rangle = \langle v, \tau(w) \rangle,$$

即 $\tau^* = \tau$. 易证有如下的性质.

命题 3.3.2　若 V 是内积空间, $\sigma, \tau \in \mathcal{L}(V)$,

1) 若 σ, τ 自共轭, 则 $\sigma + \tau$ 也是;

2) 若 τ 是自共轭, r 为实数, 则 $r\tau$ 是自共轭;

3) 若 σ, τ 为自共轭, $\sigma\tau$ 为自共轭, 当且仅当 $\sigma\tau = \tau\sigma$;

4) 若 τ 自共轭, 且可逆, 则 τ^{-1} 也是自共轭;

5) 若 τ 自共轭, 则 $\langle \tau(v), v \rangle$ 是实的, 对所有的 $v \in V$ 成立;

6) 若 V 是酉空间, 对所有的 $v \in V, \langle \tau(v), v \rangle$ 是实的, 则 τ 是自共轭;

7) 若 τ 是自共轭, 且 $\langle \tau(v), v \rangle = 0$ 对所有的 v 都成立, 则 $\tau = 0$;

8) 若 τ 是自共轭, 则对任意的 $k > 0$, 由 $\tau^k(v) = 0$ 可导出 $\tau(v) = 0$.

证 由于 τ 自共轭, 所对应的矩阵为埃尔米特, 即 $A = A^*$, 故 1)~4) 立得.

由于 τ 自共轭, 所以

$$\langle \tau(v), v \rangle = \langle v, \tau(v) \rangle = \overline{\langle \tau(v), v \rangle},$$

故 $\langle \tau(v), v \rangle$ 是实的, 这就证明了 5).

为了证明 6) 、7), 先证: 若 V 是酉空间, 对所有的 $v \in V$ 有 $\langle \tau(v), v \rangle = 0$, 则 $\tau = 0$.

令 $v = rx + y$, 这里 $x, y \in V, r \in \mathbf{C}$, 则

$$\begin{aligned}
0 &= \langle \tau(rx + y), rx + y \rangle \\
&= |r|^2 \langle \tau(x), x \rangle + \langle \tau(y), y \rangle + r\langle \tau(x), y \rangle + \bar{r}\langle \tau(y), x \rangle \\
&= r\langle \tau(x), y \rangle + \bar{r}\langle \tau(y), x \rangle.
\end{aligned}$$

取 $r = 1$, 则

$$\langle \tau(x), y \rangle + \langle \tau(y), x \rangle = 0.$$

取 $r = i$, 则

$$\langle \tau(x), y \rangle - i\langle \tau(y), x \rangle = 0.$$

故 $\langle \tau(x), y \rangle = 0$ 对所有的 $x, y \in V$ 都成立, 因此 $\tau = 0$.

用这个结果来证明 6),

$$\begin{aligned}
\langle (\tau - \tau^*)(v), v \rangle &= \langle \tau(v), v \rangle - \langle \tau^*(v), v \rangle = \langle \tau(v), v \rangle - \langle v, \tau(v) \rangle \\
&= \langle \tau(v), v \rangle - \overline{\langle \tau(v), v \rangle} = 0.
\end{aligned}$$

有上述结果知 $\tau - \tau^* = 0$, 即 τ 是自共轭.

再来证明 7).

当 $F = \mathbf{C}$ 时, 由上述结果立得 7), 故只要证明 $F = \mathbf{R}$ 的情形. 此时,

$$
\begin{aligned}
0 &= \langle \tau(x+y), x+y \rangle \\
&= \langle \tau(x), x \rangle + \langle \tau(y), y \rangle + \langle \tau(x), y \rangle + \langle \tau(y), x \rangle \\
&= \langle \tau(x), y \rangle + \langle \tau(y), x \rangle = \langle \tau(x), y \rangle + \langle x, \tau(y) \rangle \\
&= \langle \tau(x), y \rangle + \langle \tau(x), y \rangle = 2\langle \tau(x), y \rangle,
\end{aligned}
$$

故 $\tau = 0$.

最后来证 8).

若 $\tau^k(v) = 0$ 对所有的 $v \in V$ 成立, 则有 m, 使 $2^m \geq k$. 于是, $\tau^{2^m}(v) = 0$, 因此

$$
0 = \langle \tau^{2^m}(v), v \rangle = \langle \tau^{2^{m-1}} \tau^{2^{m-1}}(v), v \rangle = \langle \tau^{2^{m-1}}(v), \tau^{2^{m-1}}(v) \rangle.
$$

因此, $\tau^{2^{m-1}}(v) = 0$. 重复这样的步骤, 最后得 $\tau = 0$.

对于内积空间上的任意一个线性变换 $\tau \in \mathcal{L}(V, W)$ 均可写成

$$
\tau = \tau_1 + i\tau_2,
$$

这里 τ_1, τ_2 为自共轭变换.

事实上, 令

$$
\tau_1 = \frac{\tau + \tau^*}{2}, \qquad \tau_2 = \frac{\tau - \tau^*}{2i},
$$

即得上式.

这与 "任意一个复数 z 均可写成 $x + iy$, 这里 x, y 为实数" 相类似. 所以, 对于内积空间, 自共轭变换是十分基本的.

2. 酉算子

由定义, $\tau \in \mathcal{L}(V)$ 是酉算子, 若对所有的 $v, w \in V$, 有

$$
\langle \tau(v), w \rangle = \langle v, \tau^{-1}(w) \rangle.
$$

易证有如下的性质.

命题 3.3.3 若 V 是内积空间, $\sigma, \tau \in \mathcal{L}(V)$,

1) 若 τ 是酉, 则 τ^{-1} 也是;

2) 若 σ, τ 是酉, 则 $\sigma\tau$ 也是;

3) τ 是酉的当且仅当 τ 是满射且保距. ($\tau \in \mathcal{L}(V, W)$ 称为保距 (isometry), 若对所有 $u, v \in V$, 有 $\langle \tau(u), \tau(v) \rangle = \langle u, v \rangle$.)

4) 若 V 为有限维, 则 τ 是酉的当且仅当 τ 将正规正交基映为正规正交基.

证 1)、 2) 是显然的, 来证 3).

若 τ 是满射, 则

$$
\begin{aligned}
\tau \text{ 是保距} &\Leftrightarrow \text{对所有 } v, w \in V, \langle \tau(v), \tau(w) \rangle = \langle v, w \rangle \\
&\Leftrightarrow \text{对所有 } v, w \in V, \text{ 有 } \tau^*\tau(w) = w \\
&\Leftrightarrow \tau^*\tau = i (i \text{ 为恒等映射}) \\
&\Leftrightarrow \tau^* = \tau^{-1} \Leftrightarrow \tau \text{ 为酉}.
\end{aligned}
$$

来证 4).

若 τ 是酉, $\mathcal{O} = \{u_1, \cdots, u_n\}$ 是 V 的正规正交基, 于是

$$
\langle \tau(u_i), \tau(u_j) \rangle = \langle u_i, u_j \rangle = \delta_{ij} .
$$

故 $\tau(\mathcal{O})$ 是 V 的正规正交基. 反之, 若 $\mathcal{O}$ 及 $\tau(\mathcal{O})$ 是 V 的正规正交基, 则

$$
\langle \tau(u_i), \tau(u_j) \rangle = \delta_{ij} = \langle u_i, u_j \rangle .
$$

若 $v = \sum r_i u_i, w = \sum s_j u_j$, 则

$$
\begin{aligned}
\langle \tau(v), \tau(w) \rangle &= \langle \sum r_i \tau(u_i), \sum s_j \tau(u_j) \rangle = \sum r_i \bar{s}_j \langle \tau(u_i), \tau(u_j) \rangle \\
&= \sum_{i,j} r_i, \bar{s}_j \langle u_i, u_j \rangle = \langle \sum_i r_i u_i, \sum_j s_j u_j \rangle = \langle v, w \rangle,
\end{aligned}
$$

故 τ 为酉.

与酉算子对应的是酉矩阵, 对酉矩阵显然有以下性质.

命题 3.3.4 若 A 为矩阵,

1) $n \times n$ 矩阵 A 为酉的当且仅当 A 的所有的列组成 $\mathbf{C}^n$ 的一组正规正交基.

2) $n \times n$ 矩阵 A 为酉的当且仅当 A 的所有的行组成 $\mathbf{C}^n$ 的一组正规正交基.

3) 若 A 为酉, 则 $|\det(A)| = 1$. 若 A 为正交, 则 $\det(A) = \pm 1$.

3. 正规算子

由定义 $\tau \in \mathcal{L}(V)$ 是正规算子, 若 $\tau\tau^* = \tau^*\tau$.

易证有如下的性质.

命题 3.3.5　若 V 是内积空间, τ 是 V 上的正规算子, 则

1) 对任意多项式 $p(x) \in F(x), p(\tau)$ 也是正规的;

2) $\tau(v) = 0 \Rightarrow \tau^*(v) = 0$;

3) 对任意的 $k > 0, \tau^k(v) = 0 \Rightarrow \tau(v) = 0$;

4) 对任意 $\lambda \in F, (\tau - \lambda)^k(v) = 0 \Rightarrow (\tau - \lambda)(v) = 0$;

5) 若 $\tau(v) = \lambda v$, 则 $\tau^*(v) = \bar{\lambda} v$.

证　1)、 2) 是显然的, 来证 3).

$\sigma = \tau\tau^*$ 易见是自共轭的, 由于 τ 为正规的, 故

$$\sigma^k(v) = (\tau^*)^k(\tau)^k(v) = 0.$$

由命题 3.3.2 的 8), 得 $\sigma(v) = 0$, 即 $\tau\tau^*(v) = 0$, 但

$$0 = \langle \tau^*\tau(v), v \rangle = \langle \tau(v), \tau(v) \rangle,$$

故 $\tau(v) = 0$.

由 1) 及 3) 得 4), 来证 5).

若 $\tau(v) = \lambda v$, 这里 $v \neq 0$, 则 $(\tau - \lambda)(v) = 0$. 由 2), $(\tau - \lambda)^*(v) = 0$, 但 $(\tau - \lambda)^* = \tau^* - \bar{\lambda}$, 故得 5).

在最后一讲中, 要对这三个算子作进一步深入的讨论, 尤其是分解定理.

第四讲　主理想整环上的模及其分解

4.1　环上的模的基本概念

1. 在第二讲及第三讲中讨论了向量空间及其上的线性变换, 在这一讲及下一讲中将从模的观点来重新认识之, 这是这本小书的主要部分, 在这一讲中, 将介绍模的定义与基本性质, 尤其是在主理想整环上的模及其分解.

若 V 是域 F 上的一个向量空间, $\tau \in \mathcal{L}(V)$. 对 $F[x]$ 中任一多项式 $p(x)$, 对任意 $v \in V$, 可定义

$$p(x)v = p(\tau)(v).$$

这就是我们要讨论线性算子作用在 V 上. 显然, 对任意 $r(x), s(x) \in F[x]$, $u, v \in V$ 有

$$r(x)(u + v) = r(x)u + r(x)v,$$
$$(r(x) + s(x))u = r(x)u + s(x)u,$$
$$(r(x)s(x))u = r(x)(s(x)u),$$
$$1u = u,$$

等等. 但是 $F[x]$ 不是域而是环, 所以将 $F(x)$ 中元素对 V 作数乘, V 不能成为一个向量空间. 于是引入了比向量空间更为一般的概念 —— 模.

定义 4.1.1 若 R 是有单位元的交换环, 其元素称为纯量 (scalar). 一个 R-**模**(R–module) 或 R**上的一个模**(a module over R) 是一个非空集合 M, 有运算加法, 记作 +, 对 $(u, v) \in M \times M$, 有 $u + v \in M$; 另一个是 R 与 M 的运算是数乘, 用毗连来表示, 对 $(r, u) \in R \times M$, 有 $ru \in M$, 而且有

1) M 对加法而言是 Abel 群;

2) 对所有 $r, s \in R,\ u, v \in M$ 有

分配律

$$r(u + v) = ru + rv,$$

$$(r + s)u = ru + su,$$

结合律

$$(rs)u = r(su),$$

$$1u = u.$$

显然, 当 R 为域, 则模为向量空间, **即域上的模就是向量空间**.

当 $R = \mathbf{Z}$(整数环), 则 **Z-模就是 Abel 群**. 故模也是 Abel 群的概念的扩充.

特别重要的是在第一讲一开始就说到的 $R = F[x]$, 若 F 是域, 则由定理 1.2.1, $F[x]$ 是主理想整环, 于是可以定义 **$F[x]$-模**, 这是我们今后要主要讨论的对象.

若 R 是环, 则所有 $m \times n$ 的矩阵的集合 $\mathcal{M}_{m,n}(R)$ 是一个 R-模, 其加法与数乘就是矩阵的加法与数乘. 当 $R = F[x]$ 时, $\mathcal{M}_{m,n}(F[x])$ 是矩阵元全为多项式的矩阵的全体, 它成为一个 $F[x]$-模.

另一个重要的模是环 R 自己可以成为 R-模. 若 R 是有单位元的交换环, 定义数乘为环乘法, 这就成为一个 R-模. 今后会用到这个模.

在今后讨论线性算子 $\tau \in \mathcal{L}(V)$ 作用在向量空间 V 上时, **V 可以看成 F 上的一个向量空间, 也可以看成在 $F[x]$ 上的模**.

2. 一些向量空间中的概念可以推广到模上.

可定义 R-模 M 的子模如下.

若 S 是 R-模 M 的一个子集, 本身是一个 R-模, 称 S 为 M 的子模. S 上的运算就是 M 的运算在 S 上的限制.

易见,

1) $R-$ 模 M 的一个非空子集 S 成为子模当且仅当对任意 $r, s \in R$, $u, v \in S$ 有

$$ru + sv \in S.$$

2) 若 S, T 是 M 的子模, 则 $S \cap T$ 及

$$S + T = \{u + v \mid u \in S, \ v \in T\}$$

也是 M 的子模.

3) 有单位元的交换环 R 就是 R 自己上的模, 则 **$R-$ 模 R 的子模就是环 R 的理想**.

由子模的概念, 可以定义模的直和.

若 M 是 $R-$ 模, 称 M 是子模 $S_1, \cdots, S_n$ 的直和 (direct sum), 若每个 $v \in M$ 可以唯一地 (不计前后次序) 写成子模 S_i 中元素之和. 即对任意 $v \in M$, 有 $u_i \in S_i$, $i = 1, \cdots, n$, 使得

$$v = u_1 + \cdots + u_n,$$

并且若还有 $w_i \in S_i$, $i = 1, \cdots, n$, 使得

$$v = w_1 + \cdots + w_n,$$

则经过适当排列有 $w_i = u_i$, $i = 1, \cdots, n$.

当 M 是 $S_1, \cdots, S_n$ 的直和, 写成

$$M = S_1 \oplus \cdots \oplus S_n.$$

若 $M = S \oplus S^c$, 则 S^c 为 S 在 M 中的补 (complement).

显然, M 是子模 $S_1, \cdots, S_n$ 的直和当且仅当 $M = S_1 + \cdots + S_n$ 及对每个 $i = 1, \cdots, n$, 有

$$S_i \cap \left(\sum_{j \neq i} S_j \right) = \{0\}.$$

可以定义 **生成集**(spanning set) 如下.

若 M 是 R- 模，S 是一个子集，由 S 生成的 (spanned or generated) 子模为 S 中元素的所有的 R- 线性组合，即

$$\langle S \rangle = \mathrm{span}(S) = \{r_1 v_1 + \cdots + r_n v_n | \ r_i \in R, \ v_i \in S, i = 1, 2, \cdots, n\}.$$

M 中的一个子集 S 称为生成 (span or generate)M，若

$$M = \mathrm{span}(S),$$

即每个 $v \in M$, 可写成

$$v = r_1 v_1 + \cdots + r_n v_n,$$

这里 $r_1, \cdots, r_n \in R, \ v_1, \cdots, v_n \in S$.

特别由一个元素生成的子模，即 $\langle v \rangle = Rv = \{rv | \ r \in R\}, \ v \in M$, 称为由 v 生成的 **循环子模**(cyclic submodule). 这是一种十分重要的子模，今后要不断出现.

如果 R- 模 M 可以由有限集生成，则称 M 是 **有限生成的** (finitely generated).

3. 同样可以在模中定义子集的 R- 线性无关性及 R- 基.

若 S 是 M 的子集，称为 R- **线性无关的** (linearly independent), 若对任意 $v_1, \cdots, v_n \in S$ 及 $r_1, \cdots, r_n \in R$, 由

$$r_1 v_1 + \cdots + r_n v_n = 0$$

可导出 $r_1 = \cdots = r_n = 0$. 若集 S 不是线性无关的，则称为线性相关.

若 M 是 R- 模，M 的子集 $\mathcal{B}$ 称为 M 的 **基**(basis), 若 $\mathcal{B}$ 线性无关且生成 M.

由此易见，

1) 模 M 的子集 $\mathcal{B}$ 是一组基当且仅当对每个 $v \in M, \ v \neq 0, \mathcal{B}$ 有唯一的子集 $\{v_1, \cdots, v_n\}$ 及非零纯量 $r_1, \cdots, r_n \in R$ 使得

$$v = r_1 v_1 + \cdots + r_n v_n.$$

2) 若 $\mathcal{B}$ 是 R- 模 M 的基, 则 $\mathcal{B}$ 是 M 的极小生成集, 是极大线性无关集.

对于向量空间, 有线性变换, 对于模有同态.

定义 4.1.2 若 M, N 为 R- 模. 映射 $\tau: \; M \to N$ 称为 R- **同态** (homomorphism). 若对所有 $r, s \in R$, $u, v \in M$, 有

$$\tau(ru + sv) = r\tau(u) + s\tau(v).$$

所有从 M 到 N 的 R- 同态记作 $\mathrm{Hom}_R(M, N)$.

显然 R- 同态是线性变换的推广.

称 M 到 M 的 R- 同态为**自同态** (endomorphism);

称单射的同态为**单同态** (monomorphism);

称满射的同态为**满同态** (epimorphism);

称双射的同态为**同构** (isomorphism).

若 $\tau \in \mathrm{Hom}_R(M, N)$, 定义 τ 的核与像为

$$\ker(\tau) = \{v \in M| \;\; \tau(v) = 0\}$$

及

$$\mathrm{im}(\tau) = \{\tau(v)| \;\; v \in M\},$$

它们分别是 M 及 N 的子模.

由于不是所有的模都有 R- 基, 故有以下的定义.

定义 4.1.3 R- 模 M 称为自由的 (free), 若 M 有 R- 基. 若 $\mathcal{B}$ 是 M 的基, 称 M 在 $\mathcal{B}$ 上自由. M 的基的基数 (cardinality) 称为 M 的秩 (rank), 记作 $\mathrm{rk}(M)$.

下面来证明这样的定义是有意义的.

4. 若 M 是 R- 模, S 是它的子模, 称

$$v + S = \{v + s| \;\; s \in S\}, \quad v \in M$$

为 S 在 M 中的一个陪集. 所有 S 在 M 中的陪集作成的集合记作 M/S. 这是一个 R- 模, 其运算定义为

$$(u + S) + (v + S) = (u + v) + S \quad 及 \quad r(u + S) = ru + S,$$

而 M/S 的零元素为 $s + S = 0 + S = S, s \in S$. 这个 R- 模称为 M 关于 S 的 **商模** (quotient module).

现在来证明: 若 M 是自由模, 则 M 的任意两个基有相同的基数. 有了这个结果, 自由模 M 的秩才有意义.

为此, 要建立一些环的结果.

若 R 是有单位元的交换环, S 是 R 的理想, S 在 R 中的陪集的集合 R/S 作成一个环, 称为 R 关于 S 的 **商环** (quotient ring), 其加法与乘法定义为

$$(a + S) + (b + S) = (a + b) + S, \quad a, b \in R,$$
$$(a + S)(b + S) = ab + S.$$

要证明乘法有意义, 就要证明

$$b + S = b' + S \Longrightarrow ab + S = ab' + S,$$

也就是

$$b - b' \in S \Longrightarrow a(b - b') \in S,$$

由于 S 是理想, 故上式成立.

来证明如下的结果, 以说明极大理想 (见 1.2 节) 的重要性.

引理 4.1.1 若 R 是有单位元的交换环, 商环 $R/\mathcal{Q}$ 是域当且仅当 $\mathcal{Q}$ 是极大理想 (即不存在 R 的理想 $\mathcal{I}$, 使得 $\mathcal{Q} \subsetneqq \mathcal{I} \subsetneqq R$).

证 若 $R/\mathcal{Q}$ 是域, 且 $\mathcal{Q}$ 不是极大, 则存在理想 $\mathcal{I}$ 适合 $\mathcal{Q} \subsetneqq \mathcal{I} \subsetneqq R$. 设 $i \in \mathcal{I} - \mathcal{Q}$, 考虑由 i 及 $\mathcal{Q}$ 生成的理想

$$\mathcal{K} = \langle i, \mathcal{Q} \rangle \subseteq \mathcal{I}.$$

由于 $i \notin \mathcal{Q}$, 故 $i + \mathcal{Q} \neq 0$. 由于 $R/\mathcal{Q}$ 是域, 故 $i + \mathcal{Q}$ 有逆, 若为 $i' + \mathcal{Q}$, 即

$$(i + \mathcal{Q})(i' + \mathcal{Q}) = ii' + \mathcal{Q} = 1 + \mathcal{Q}.$$

故 $1 - ii' \in \mathcal{Q} \subseteq \mathcal{K}$. 由于 $ii' \in \mathcal{K}$, 故 $1 \in \mathcal{K}$, 这就导出 $\mathcal{K} = R$. 但 $\mathcal{K} \subseteq \mathcal{I}$, $\mathcal{I}$ 是 R 的真子集, 这个矛盾导出 $\mathcal{Q}$ 是极大理想.

反之, 若 $\mathcal{Q}$ 是极大理想, $0 \neq r + \mathcal{Q}$, 则 $r \notin \mathcal{Q}$, 故 $\mathcal{I} = \langle r, \mathcal{Q} \rangle$ 是严格地包含 $\mathcal{Q}$. 因为 $\mathcal{Q}$ 是极大, 故 $\mathcal{I} = R$. 这导出 $1 \in \mathcal{I}$, 故有 $s \in R$, 使得 $1 = sr + i$ 对某个 $i \in \mathcal{Q}$ 成立. 故

$$(s + \mathcal{Q})(r + \mathcal{Q}) = sr + \mathcal{Q} = (1 - i) + \mathcal{Q} = 1 + \mathcal{Q}.$$

即 $(r + \mathcal{Q})^{-1} = s + \mathcal{Q}$. 故 $R/\mathcal{Q}$ 是域.

引理 4.1.2 任意有单位元的交换环 R 一定有极大理想.

证 R 不是零环, 则一定有真理想, 例如 $\{0\}$. 若 $\mathcal{I}$ 为 R 的所有真理想的集合, 则 $\mathcal{I}$ 非空. 若

$$\mathcal{Q}_1 \subset \mathcal{Q}_2 \subset \cdots$$

是 R 中真理想链, 则 $I = \cup \mathcal{Q}_j$ 也是一个理想. 因为 $1 \notin I$, 故 $I \in \mathcal{I}$. 因此 $\mathcal{I}$ 中任何链都有上界, 由 Zorn 引理, $\mathcal{I}$ 有极大元 (对照 2.1 节中向量空间基的存在性的证明). 这证明了 R 有极大理想.

定理 4.1.1 若 M 是自由 R- 模, 则 M 的任意二个基有相同的基数.

证 由引理 4.1.2, R 有极大理想 $\mathcal{Q}$, 再由引理 4.1.1, $R/\mathcal{Q}$ 是域. 令

$$\mathcal{Q}M = \{a_1 v_1 + \cdots + a_n v_n | \ a_i \in \mathcal{Q}, v_i \in M, i = 1, \cdots, n\},$$

则 $\mathcal{Q}M$ 是 M 的一个子模, 作商模 $M/\mathcal{Q}M$.

来证明 $M/\mathcal{Q}M$ 是域 $R/\mathcal{Q}$ 上的一个向量空间, 为此定义其数乘为

$$(r + \mathcal{Q})(u + \mathcal{Q}M) = ru + \mathcal{Q}M,$$

这里 $r \in R$，$u \in M$. 当然要来验证这样定义的数乘是有意义的. 这就要证明: 若

$$r + \mathcal{Q} = r' + \mathcal{Q} \qquad 及 \qquad u + \mathcal{Q}M = u' + \mathcal{Q}M,$$

这里 $r, r' \in R$，$u, u' \in M$，则

$$ru + \mathcal{Q}M = r'u' + \mathcal{Q}M.$$

也就是要证: 若 $r - r' \in \mathcal{Q}$，$u - u' \in \mathcal{Q}M$，则 $ru - r'u' \in \mathcal{Q}M$.

　　由于 $r - r' \in \mathcal{Q}$，$u - u' \in \mathcal{Q}M$，则 $(r - r')u' \in \mathcal{Q}M$ 及 $r(u - u') \in \mathcal{Q}M$. 于是 $(r - r')u' + r(u - u') = ru - r'u' \in \mathcal{Q}M$. 因此，这样定义的数乘是有意义的. 可以直接验证: 这样定义的数乘满足在定义 1.3.1(向量空间的定义) 中数乘必须满足的 4 个条件，而 $M/\mathcal{Q}M$ 显然对加法成 Abel 群. 故 $M/\mathcal{Q}M$ 的确是 $R/\mathcal{Q}$ 上的一个向量空间.

　　若 $\mathcal{B}$ 是自由 R- 模 M 上的一组基，且 $b_i, b_j \in \mathcal{B}$，$i \neq j$，则 $b_i + \mathcal{Q}M$ 与 $b_j + \mathcal{Q}M$ 是不相同的. 这可证明如下: 若 $b_i + \mathcal{Q}M = b_j + \mathcal{Q}M$，$i \neq j$，成立，则 $b_i - b_j \in \mathcal{Q}M$，故

$$b_i - b_j = a_1 v_1 + \cdots + a_n v_n,$$

这里 $a_k \in \mathcal{Q}$，$v_k \in M$，$k = 1, \cdots, n$. 由于每个 v_k 都是 $\mathcal{B}$ 元素的线性组合. 设 v_k 中 b_i 的系数为 r_k，比较上式两边的 b_i 的系数，得到

$$1 = a_1 r_1 + \cdots + a_n r_n.$$

而 $a_k \in \mathcal{Q}$，$k = 1, \cdots, n$，故上式右边属于 $\mathcal{Q}$，即 $1 \in \mathcal{Q}$，这与 $\mathcal{Q}$ 是极大理想相矛盾. 故 $b_i + \mathcal{Q}M$ 与 $b_j + \mathcal{Q}M$ 当 $i \neq j$ 时是不相同的. 因此，

$$\mathcal{B}' = \{b + \mathcal{Q}M | b \in \mathcal{B}\}$$

与 M 的基 $\mathcal{B}$ 有相同的基数.

　　来证明: $\mathcal{B}'$ 是 $R/\mathcal{Q}$ 上的向量空间 $M/\mathcal{Q}M$ 的一组基.

由于 $\mathcal{B}$ 生成 M, 故 $\mathcal{B}'$ 生成 $M/\mathcal{Q}M$. 要证 $\mathcal{B}'$ 线性无关. 若

$$\sum_j (r_j + \mathcal{Q})(b_j + \mathcal{Q}M) = 0,$$

则 $\sum\limits_j (r_j b_j + \mathcal{Q}M) = 0$, 也就是 $\sum\limits_j r_j b_j \in \mathcal{Q}M$, 于是 $\sum\limits_j r_j b_j = \sum\limits_i a_i b_i$, 这里 $a_i \in \mathcal{Q}$, $i = 1, \cdots, n$. 两边相等导出 $r_j \in \mathcal{Q}$, $j = 1, \cdots, n$. 于是 $r_j + \mathcal{Q} = 0$, 即 $R/\mathcal{Q}$ 中的零元素, $j = 1, \cdots, n$. 故 $\mathcal{B}'$ 线性无关, $\mathcal{B}'$ 确是 $M/\mathcal{Q}M$ 的基. 因此 $\mathcal{B}$ 的基数 $= \dim(M/\mathcal{Q}M)$, 不依赖于 $\mathcal{B}$ 的选取.

定理 2.1.1 告诉我们: 域 F 上两个向量空间同构当且仅当它们的维数相同. 在模的情形, 有如下定理.

定理 4.1.2 两个自由 R-模同构当且仅当它们有相同的秩.

证 若 M, N 为两个自由 R-模. 若 $M \approx N$, 则从 M 到 N 的任意同构映射 τ 将 M 的基映为 N 的基. 由于 τ 是双射, 故 $\mathrm{rk}(M) = \mathrm{rk}(N)$. 反之, 若 $\mathrm{rk}(M) = \mathrm{rk}(N)$, $\mathcal{B}$ 是 M 的基, $\mathcal{C}$ 是 N 的基, 由于 $\mathcal{B}, \mathcal{C}$ 的基数相同, 故有双射 $\tau: \mathcal{B} \to \mathcal{C}$, 这个映射可线性扩充到整个 M 到整个 N 之上的同构, 故 $M \approx N$.

当 R-模 M 的秩数 n 为有限时, 易见 $M \approx R^n$.

5. 由于有限生成 R-模 M 的子模未必是有限生成的. 因此, 要讨论在什么条件下有限生成 R-模 M 的子模也是有限生成的. 这个条件是升链条件.

定义 4.1.4 一个 R-模 M 称为满足**子模的升链条件** (ascending chain condition), 如果对 M 的任何子模序列

$$S_1 \subset S_2 \subset S_3 \subset \cdots$$

存在指标 k, 使得 $S_k = S_{k+1} = S_{k+2} = \cdots$.

子模升链条件简记为 a.c.c.

定理 4.1.3 R-模 M 的每个子模是有限生成的当且仅当 M 满足子模的升链条件.

定理中的模称为 **Noether 模**(Noetherian module).

证　若 M 的所有子模都是有限生成, 而 M 有无穷上升子模序列

$$S_1 \subset S_2 \subset S_3 \subset \cdots .$$

易见

$$S = \bigcup_j S_j$$

也是 M 的子模, 故 S 也是有限生成的. 若 $S = \langle u_1, \cdots, u_n \rangle$, $u_i \in M$, $i = 1, \cdots, n$. 由于 $u_i \in S$, 故有指标 k_i, 使得 $u_i \in S_{k_i}$. 令 $k = \max\{k_1, \cdots, k_n\}$, 则

$$u_i \in S_k, \qquad i = 1, \cdots, n.$$

因此

$$S = \langle u_1, \cdots, u_n \rangle \subset S_k \subset S_{k+1} \subset \cdots \subset S.$$

这表明上升子模序列 $S_1 \subset S_2 \subset S_3 \subset \cdots$ 从 S_k 起全是相同的.

反之, 若 M 满足子模的升链条件, 且 S 是 M 的子模. 取 $u_1 \in S$, 考虑子模 $S_1 = \langle u_1 \rangle \subset S$, 若 $S_1 = S$, 则 S 就是有限生成. 若 $S_1 \neq S$, 于是有 $u_2 \in S - S_1$. 令 $S_2 = \langle u_1, u_2 \rangle$. 若 $S_2 = S$, 则 S 是有限生成. 若 $S_2 \neq S$, 则有 $u_3 \in S - S_2$. 考虑子模 $S_3 = \langle u_1, u_2, u_3 \rangle$. 一直这样进行下去, 就得到一个子模的上升链

$$\langle u_1 \rangle \subset \langle u_1, u_2 \rangle \subset \langle u_1, u_2, u_3 \rangle \subset \cdots \subset S.$$

如果这样的子模没有一个等于 S, 就得到一个子模的无穷上升序列, 前一个为后一个所真包含, 这与 M 满足子模的升链条件相矛盾. 故有某个 n, 使得 $S = \langle u_1, \cdots, u_n \rangle$, 也就是 S 是有限生成.

由于环 R 是自己上的模, 且模 R 的子模就是环 R 的理想. 故定义 4.1.4 及定理 4.1.3 成为如下定义.

定义 4.1.5　环 R 称为满足理想的升链条件, 若对 R 的任意上升理想序列

$$\mathcal{Q}_1 \subset \mathcal{Q}_2 \subset \mathcal{Q}_3 \subset \cdots$$

一定存在指标 k, 使得 $Q_k = Q_{k+1} = Q_{k+2} = \cdots$.

在 1.2 节中证明了主理想整环一定满足升链条件.

定理 4.1.4 环 R 的每个理想 (作为 R– 模) 是有限生成的当且仅当 R 满足理想的升链条件.

定理中的环称为 **Noether 环**(Noetherian ring).

下面要证明一条重要定理.

定理 4.1.5 若 R 是 Noether 环, 则任意有限生成的 R– 模是 Noether 模.

这条定理说, 若 R 是 Noether 环, 即每个理想是有限生成的, 则有限生成的 R– 模的每个子模也是有限生成的. 这就给出了条件使有限生成的模的子模依然是有限生成的.

证 若 M 是有限生成 R– 模, $M = \langle u_1, \cdots, u_n \rangle$. 考虑满射同态 $\tau : R^n \to M$ 定义为

$$\tau(r_1, \cdots, r_n) = r_1 u_1 + \cdots + r_n u_n, \quad r_i \in R, i = 1, \cdots, n.$$

若 S 是 M 的一个子模, 则

$$\tau^{-1}(S) = \{ r = (r_1, \cdots, r_n) \in R^n | \ \tau(r) \in S \}$$

是 R^n 的一个子模, 且 $\tau(\tau^{-1}(S)) = S$. 假设 R^n 只有有限生成子模, 则 $\tau^{-1}(S)$ 是有限生成的, $\tau^{-1}(S) = \langle t_1, \cdots, t_k \rangle$. 于是若 $w \in S$, 则有 $t \in \tau^{-1}(S)$, 使得 $w = \tau(t)$. 由于

$$t = a_1 t_1 + \cdots + a_k t_k, \quad a_i \in R, i = 1, \cdots, k,$$

故

$$w = \tau(t) = a_1 \tau(t_1) + \cdots + a_k \tau(t_k).$$

于是 S 由 $\{\tau(t_1), \cdots, \tau(t_k)\}$ 所有限生成. 所以余下要证的只是 R^n 的每个子模是有限生成的.

当 $n = 1$, 这是对的, 因为 R 是 Noether 环. 假设对所有的 $1 \leq k < n$, R^k 只有有限生成子模, 若 S 是 R^n 的子模, 令

$$S_1 = \{\alpha \in S|\ \alpha = (s_1, \cdots, s_{n-1}, 0), \text{ 而 } s_1, \cdots, s_{n-1} \in R\}$$

及

$$S_2 = \{(0, \cdots, 0, s_n)|\ (s_1, \cdots, s_{n-1}, s_n) \in S, \text{ 而 } s_1, \cdots, s_{n-1} \in R\}.$$

于是 S_1 同构于 R^{n-1} 的一个子模 (只要将 S_1 的每个元素的最后一个坐标去掉). 由归纳假设, S_1 是有限生成. 令 $S_1 = \langle \mathcal{B} \rangle$, 而 $\mathcal{B} = \{\alpha_1, \cdots, \alpha_k\}$, $0 \leq k \leq n-1$(若 S_1 是空集, 则 $\mathcal{B}$ 为空集而 $k = 0$).

同样 S_2 同构于 R 的一个子模 (即理想), 因此是有限生成的. 若 S_2 是平凡的, 则 S 的每个元素的最后一个坐标为 0, 故 $S = S_1$ 是有限生成的. 若 S_2 非平凡, 而由 $(0, \cdots, 0, b_n)$, $b_n \neq 0$ 所生成. 在 S 中有 $b = (b_1, \cdots, b_{n-1}, b_n) \in S$, 则 $\mathcal{B}' = \{b\} \cup \mathcal{B}$ 生成 S. 这是因为: 若 $\alpha = (s_1, \cdots, s_n) \in S$, 则 $(0, \cdots, 0, s_n) \in S_2$, 故有 $r \in R$, 使得 $(0, \cdots, 0, s_n) = r(0, \cdots, 0, b_n)$, 即 $s_n = rb_n$, 因此 $\alpha - rb \in S_1$, 于是 $\alpha \in rb + S_1$, 这就是 $\mathcal{B}'$ 生成 S. 定理证毕.

由定理 4.1.5 导致去研究哪些环是 Noether 环.

可证: 有单位元的交换环 R 是域当且仅当它只有理想 $\{0\}$ 及 R 而无其它理想. 因此, 由定理 4.1.4, **域当然是 Noether 的**. 当 R 是主理想整环时, 由于所有的理想都是主理想, 因此, **主理想整环也是 Noether 的**. 下面给出十分重要的 Hilbert 基定理. 这是一条十分有用的基本定理.

定理 4.1.6(Hilbert 基定理) 若环 R 是 Noether 环, 则多项式环 $R[x]$ 也是 Noether 环.

证 要证的是 $R[x]$ 的任意一个理想 $\mathcal{Q}$ 是有限生成的. 令 L_j 为 $\mathcal{Q}$ 中所有 j 次多项式的最高项的系数及 R 中的 0 元素所作成的集合, $j = 0, 1, \cdots$. 则容易看出, L_j 都是 R 的理想, 这是因为对 $a, b \in L_j, a \neq 0, b \neq 0$, 存在 j 次多项式 $f(x) = ax^j + \cdots$ 和 $g(x) = bx^j + \cdots$ 都属于 $\mathcal{Q}$. 于是

$f(x) - g(x) = (a-b)x^j + \cdots$ 必属于 $\mathcal{Q}$. 若 $a - b \neq 0$, 则 $a - b \in L_j$; 若 $a - b = 0$, 由于 $0 \in L_j$, 故必有 $a - b \in L_j$. 对于任一 $c \in R$, $cf(x) = cax^j + \cdots \in \mathcal{Q}$. 若 $ca \neq 0$, 则 $ca \in L_j$; 若 $ca = 0$, 由于 $0 \in L_j$, 故必有 $ca \in L_j$, $a \in L_j$ 是显然的. 于是 L_j 是 R 的一个理想. 若 $f(x) = ax^j + \cdots \in \mathcal{Q}$, 由于 $\mathcal{Q}$ 是 $R[x]$ 的一个理想, $xf(x) = ax^{j+1} + \cdots \in \mathcal{Q}$. 因此, 若 $a \in L_j$, 则 $a \in L_{j+1}$. 于是得到一个理想升链 $L_0 \subseteq L_1 \subseteq \cdots$. 因为 R 是 Noether 环, 故存在 d 使得 $L_d = L_{d+1} = \cdots = L$, 其中 $L = \bigcup_{j \geq 0} L_j$. 因为 R 是 Noether 环, 故每个 L_j, $j = 0, 1, \cdots, d$, 均是有限生成的. 设 $L_j = \langle a_j^{(1)}, \cdots, a_j^{(k_j)} \rangle$, $j = 0, 1, \cdots, d$. 从而由 L_j 的定义知, 有 $\mathcal{Q}$ 中 j 次多项式 $f_j^{(1)}, \cdots, f_j^{(k_j)}$, 使得 $f_j^{(i)}$ 的首项系数为 $a_j^{(i)}$, $i = 1, \cdots, k_j$.

可以证明: $S = \{f_0^{(1)}, \cdots, f_0^{(k_0)}, f_1^{(1)}, \cdots, f_1^{(k_1)}, \cdots, f_d^{(1)}, \cdots, f_d^{(k_d)}\}$ 是理想 $\mathcal{Q}$ 的生成集.

为此, 设 $f \in \mathcal{Q}$, $\deg(f) = n$. 对 n 用归纳法. 若 $n = 0$, 则显然 S 中的元生成 f. 设 $f = a_n x^n + \cdots + a_1 x + a_0$, $a_n \neq 0$, 则 $a_n \in L_n \subseteq L = L_d$.

若 $n < d$, 则 $a_n = \sum_{1 \leq i \leq k_n} r_i a_n^{(i)}$, $r_i \in R$. 于是多项式

$$h = f - \sum_{1 \leq i \leq k_n} r_i f_n^{(i)}$$

的次数小于 n, 从而由归纳假设 h 可由 S 中的元生成, 进而 f 可由 S 中的元生成.

若 $n \geq d$, 则 $a_n \in L_n = L_d$, 故 $a_n = \sum_{1 \leq i \leq k_d} r_i a_d^{(i)}$. 于是多项式

$$h = f - \sum_{1 \leq i \leq k_d} r_i x^{n-d} f_d^{(i)}$$

的次数小于 n, 同样由归纳假设 h 可由 S 中的元生成, 从而 f 可由 S 中的元生成.

4.2　主理想整环上的模

1.　在上一节中给出了有单位元的交换环 R 上的模的定义以及它的一些基本性质. 当环 R 为域时, 模就是向量空间, 至于一些向量空间中的一些基本概念与定理, 有些可以移植到模上来. 如子空间、商空间、直和、生成集、线性无关、基、维数、线性变换、核与像等等, 到了模理论中有相应的名词与定义. 例如, 与子空间、商空间、维数与线性变换相对应的为子模、商模、秩与模同态等. 但是模与向量空间, 从表面上看, 只是建立在环与域上的差别, 但相互之间有着本质的差异. 这里列举出一些事实, 而不加以证明.

1) 有这样的模, 它无线性无关的元素, 当然也就没有基. 这就是为什么要引入自由模的原因.

2) 有这样的模, 它的子模无补集.

3) 有这样的有限生成模, 其子模不是有限生成的. 这就是为什么引入 Noether 模的原因.

4) 有这样的模, 它的线性相关集 S 中的任一元素不能用 S 中其它元素的线性组合来表示.

5) 有这样的模, 其极小生成集不是模的基, 其极大线性无关集不是模的基.

6) 有这样的自由模, 其子模不自由, 其商模不自由.

7) 若 V 是域 F 上的向量空间, $r \in F, v \in V, r \neq 0, v \neq 0$, 则 $rv \neq 0$. 但在模的情形, 这不再永远成立.

8) 有这样的自由模, 有线性无关集不包在基中, 有生成集不包有基.

由于在一般的有单位元的交换环 R 上的模有种种不很理想的性质, 这导致我们专门来讨论主理想整环上的模的理论. 这是因为主理想整环有很多很好的性质, 这就导出了在其上的模也有很多很好的性质, 情况大为改观. 例如上述 6) 中, 在主理想整环上自由模的子模也是自由的, 等等. 在这一讲中对主理想整环上的模进行研究之后, 在下一讲中以此来考虑向量空间中的一些问题, 可以得到一系列重要的结果.

2. 来证明如下定理.

定理 4.2.1 主理想整环 R 上的自由模 M 的任意子模 S 也是自由的, 且 $\mathrm{rk}(S) \leq \mathrm{rk}(M)$.

证 只证模的秩是有限的情形, 尽管秩为无限时这也成立.

由定理 4.1.2 知, 若 $\mathrm{rk}(M) = n$, 则 $M \approx R^n$. 因此, 直接来讨论 R^n 即可. 对 n 用归纳法.

当 $n = 1$ 时, $M = R, R$ 的任意子模 S 就是 R 的理想. 由于 R 是主理想整环, 故 S 是主理想, 即 $S = \langle a \rangle$. 设 $S \neq \{0\}$. 因 R 是整环, 故对所有 $r \neq 0$ 有 $ra \neq 0$. 因此, 映射

$$\sigma: \quad R \to S, \qquad \sigma(r) = ra$$

是 R 到 S 的同构, 故 S 是自由的.

假设当 $k < n$ 时 R^k 的子模是自由的, S 是 R^n 的一个子模. 考虑

$$S_1 = \{\alpha \in S \mid \text{ 有 } s_1, \cdots, s_{n-1} \in R, \ \alpha = (s_1, \cdots, s_{n-1}, 0)\}$$

及

$$S_2 = \{(0, \cdots, 0, s_n) \mid \text{ 有 } s_1, \cdots, s_{n-1} \in R, \ (s_1, \cdots, s_{n-1}, s_n) \in S\}.$$

因为 S_1 同构于 R^{n-1} 的一个子模, 由归纳假设, 这是自由的. 设 $\mathcal{B} = \{\alpha_1, \cdots, \alpha_k\}$ 是 S_1 的基, 而 $k \leq n - 1$(若 S_1 是平凡的, 则 $\mathcal{B}$ 是空集).

同样, S_2 同构于 R 的一个子模 (理想). 若 S_2 是平凡的, 则 S 中每个元素的最后坐标为 0, 故 $S = S_1$ 是自由的. 若 S_2 非平凡, 则有秩 1, 基为 $\{(0, \cdots, 0, t_n)\}, t_n \neq 0$, 且 $\tau = (t_1, \cdots, t_n) \in S$.

来证 $\mathcal{B}' = \{\tau\} \cup \mathcal{B}$ 是 S 的基. 先证 $\mathcal{B}'$ 是线性无关的. 若有 $r, r_1, \cdots, r_k \in R$, 使

$$r\tau + r_1\alpha_1 + \cdots + r_k\alpha_k = 0,$$

则 $r\tau = -(r_1\alpha_1 + \cdots + r_k\alpha_k)$. 比较两边的最后坐标, 有 $rt_n = 0$, 故 $r = 0$. 而 $\alpha_1, \cdots, \alpha_k$ 的线性无关性导出 $r_i = 0$, $i = 1, \cdots, k$, 故 $\mathcal{B}'$ 是线性无关的. 其次, 若 $\alpha = (s_1, \cdots, s_n) \in S$, 则 $(0, \cdots, 0, s_n) \in S_2$, 故 $(0, \cdots, 0, s_n) = r(0, \cdots, 0, t_n)$, $r \in R$, 故 $s_n = rt_n$. 于是 $\alpha - r\tau \in S_1$, 即 $\alpha = r\tau + S_1$, 因此 $\mathcal{B}'$ 生成 S. 故 S 是自由的. 这就证明了定理.

在第 1 条 7) 中已经说到, 域 F 上的向量空间 V, 若 $r \neq 0, r \in F, v \neq 0, v \in V$, 则 $rv \neq 0$. 但在模的情形, 这不一定成立. 于是有如下的定义.

定义 4.2.1 若 R 是整环, M 是 R- 模. 对 $v \in M$, 如果有非零的 $r \in R$ 使得 $rv = 0$, 则称 v 是 M 的一个**挠元**(torsion element). 一个模如果无挠元则称为**无挠的**(torsion free). 如果模的所有元素都是挠元, 则称 M 是**挠模** (torsion module).

若 M 为模, 其所有的挠元组成的集合记作 M_{tor}, 易见这是 M 的一个子模, 且 M/M_{tor} 是无挠模. 这可证明如下: 若 $a, b \in M_{\text{tor}}$, 则有 $\alpha, \beta \in R, \alpha \neq 0, \beta \neq 0$ 使得 $\alpha a = 0$ 及 $\beta b = 0$. 于是对任意的 $r, s \in R$, 有 $\alpha\beta(ra + sb) = 0$, 即 $ra + sb \in M_{\text{tor}}$. 由 4.1 节第 2 条中 1) 知, M_{tor} 是一子模. 再证 M/M_{tor} 是无挠模. 若 $a + M_{\text{tor}}$ 是 M/M_{tor} 中的一个挠元, 则有 $r \in R, r \neq 0$, 使得 $r(a + M_{\text{tor}}) = 0$, 即 $ra \in M_{\text{tor}}$. 于是有 $s \in R, s \neq 0$, 使得 $s(ra) = (sr)a = 0$, 且 $sr \neq 0$, 故 $a \in M_{\text{tor}}$, 于是 M/M_{tor} 中的挠元是 0, 即 M/M_{tor} 为无挠模. 其次, 也易见: 主理想整环上任意自由模是无挠的. 反之不真, 但是有如下的定理.

定理 4.2.2 主理想整环上的模 M 如果是无挠的, 且是有限生成的, 则模是自由的.

证 由于 M 是有限生成的, 故有 $0 \neq v_i \in M$, $i = 1, \cdots, n$, 使得 $M = \langle v_1, \cdots, v_n \rangle$. 在这些生成元中取极大线性无关子集 $S = \{u_1, \cdots, u_k\}$, 将 M 的生成元重新写成

$$M = \langle u_1, \cdots, u_k, \ v_1, \cdots, v_{n-k} \rangle.$$

于是对每个 v_i, 集合 $\{u_1, \cdots, u_k, v_i\}$ 是线性相关的, $i = 1, \cdots, n - k$. 故

对每个 v_i, 有 $0 \neq a_i$ 及 $r_1^{(i)}, \cdots, r_k^{(i)}$ 使得

$$a_i v_i + r_1^{(i)} u_1 + \cdots + r_k^{(i)} u_k = 0.$$

令 $a = a_1 \cdots a_{n-k}$, 则 $a v_i \in \text{span}\,(S),\ i = 1, \cdots, n-k$. 于是 $aM = \{av \mid v \in M\}$ 是 $\text{span}\,(S)$ 的一个子模. 但 $\text{span}\,(S)$ 是自由模, 基为 S, 故由定理 4.2.1, aM 也是自由的. 由于 $M \approx aM$, 这是因为

$$\tau(v) = av$$

是满射同态, 由于 M 是无挠的, 故 τ 也是单射. 故 $M \approx aM$, M 是自由的.

4.3   主理想整环上的有限生成模的分解定理

有了以前这些准备之后, 要进入本讲的主题, 给出主理想整环上有限生成模的分解定理. 这需要三个步骤来建立起这些重要的定理.

1. 第一步, 将主理想整环上有限生成模分解为挠模与自由模之直和.

定理 4.3.1   若 M 是主理想整环 R 上的有限生成模, 则

$$M = M_{\text{tor}} \oplus M_{\text{free}},$$

这里 M_{free} 是一个自由 R- 模. 并且这种分解是唯一的, 即若还有分解 $M = T \oplus N$, 其中 T 是 M 的挠子模, N 是 M 的自由子模, 则 $T = M_{\text{tor}}$, $N \cong M_{\text{free}}$.

证   由于商模 M/M_{tor} 是无挠的以及当 M 是有限生成时, M/M_{tor} 也是有限生成的, 故由定理 4.2.2 知 M/M_{tor} 是自由模.

考虑将 M 映到自由模 M/M_{tor} 的满同态 $\pi: M \to M/M_{\text{tor}}$. 若 $\mathcal{B}$ 是 M/M_{tor} 的基, 对每个 $b \in \mathcal{B}$, 取定一个 $b' \in M$ 使得 $\pi(b') = b$. 令 $\mathcal{B}'$ 为 M 中所有这样的元素的集合. 显然 $\mathcal{B}'$ 是线性无关的. 于是

$$S = \text{span}(\mathcal{B}') \text{ 是 } M \text{ 的子模, 且同构于 } M/M_{\text{tor}}.$$

显然 $\ker(\pi) = M_{\text{tor}}$, $\operatorname{im}(\pi) = M/M_{\text{tor}}$. 而

$$v \in M_{\text{tor}} \cap S = \ker(\pi) \cap S \Rightarrow \pi(v) = 0, \ v = \sum r_i b_i', \ r_i \in R$$

$$\Rightarrow 0 = \sum r_i \pi(b_i') = \sum r_i b_i \Rightarrow \text{对所有 } i, r_i = 0$$

$$\Rightarrow v = 0,$$

即 $M_{\text{tor}} \cap S = \{0\}$. 若 $v \in M$, 则 $\pi(v) = \sum s_i b_i$, 而 $s_i \in R$. 令 $u = \sum s_j b_j' \in S$, 则

$$\pi(v - u) = \pi(v) - \pi\left(\sum s_j b_j'\right) = \sum s_j b_j - \sum s_j b_j = 0.$$

于是 $x = v - u \in \ker(\pi) = M_{\text{tor}}$. 故 $v = x + u \in M_{\text{tor}} + S$. 即得 $M = M_{\text{tor}} \oplus S$. 由于 $S \approx M/M_{\text{tor}}$. 因此, $M = M_{\text{tor}} \oplus M_{\text{free}}$, 这里 M_{free} 为 S.

若 $M = T \oplus N$, 其中 T 是 M 的挠子模, N 是 M 的自由子模, 则由定义 $T \subseteq M_{\text{tor}}$. 设 $v \in M_{\text{tor}}$, 则 $v = t + n$, 其中 $t \in T$, $n \in N$. 于是 $n = v - t \in M_{\text{tor}}$, 但 n 属于自由模 N, 故 $n = 0$, 即 $v \in T$. 于是 $T = M_{\text{tor}}$. 从而 $N \approx M/M_{\text{tor}} \approx M_{\text{free}}$.

有了定理 4.3.1, 要讨论主理想整环上有限生成模的分解, 只要讨论主理想整环上有限生成挠模的分解.

2. 第二步, 将主理想整环上有限生成挠模分解为准素子模的直和.

在 2.2 节中, 曾引入了向量空间的零化子的概念. 现将此概念扩充到模上.

定义 4.3.1 若 M 是一个 R- 模, $v \in M$ 的**零化子**为

$$\operatorname{ann}(v) = \{r \in R|\ rv = 0\},$$

M 的**零化子**为

$$\operatorname{ann}(M) = \{r \in R|\ rM = \{0\}\},$$

这里 $rM = \{rv|\ v \in M\}$.

显然 $\operatorname{ann}(v)$ 及 $\operatorname{ann}(M)$ 是 R 中的理想.

若 M 是主理想整环上有限生成挠模, $\operatorname{ann}(v)$ 的生成元称为 v 的**阶** (order), $\operatorname{ann}(M)$ 的生成元称为 M 的**阶**.

显然, 若 μ, ν 是 M(或 $v \in M$) 的两个阶, 则它们是相伴的 (associate), 即

$$\text{ann}(M) = \langle \mu \rangle = \langle \nu \rangle \;\Rightarrow\; \mu = u\nu, \text{ 对某个可逆元 } u \in R.$$

故 M 的阶, 除去乘以可逆元外, 是唯一确定的. μ, ν, 除去乘以可逆元外, 由定理 1.2.3 有相同的素元 (prime element) 乘积分解.

定义 4.3.2 模 M 称为 **准素模** (primary module), 若其零化子为 $\text{ann}(M) = \langle p^e \rangle$, 这里 p 是素元, e 是正整数. 即 M 是准素的若其阶是一个素元的正次方.

显然, 主理想整环上有限生成挠模 M 是准素的当且仅当 M 中每个元素的阶是一个固定的素元的幂.

分解定理的第二步是将挠模 M 分解为准素子模的直和.

定理 4.3.2(准素唯一分解定理) 若 M 是一个主理想整环上非零有限生成挠模, 阶为

$$\mu = p_1^{e_1} \cdots p_n^{e_n},$$

这里 $p_i, i = 1, \cdots, n$, 为互不相伴的素元, 则 M 可分解为直和

$$M = M_{p_1} \oplus \cdots \oplus M_{p_n},$$

这里

$$M_{p_i} = \{ v \in M \mid p_i^{e_i} v = 0 \}$$

为准素子模, 阶为 $p_i^{e_i}$, $i = 1, \cdots, n$. 进一步, 这样的分解是唯一的, 即, 若还有分解

$$M = N_1 \oplus \cdots \oplus N_m,$$

其中 N_i 是阶为 $q_i^{f_i}$ 的准素模, 则 $m = n$, 且可适当安排下标 i 使得 $N_i = M_{p_i}$, q_i 与 p_i 相伴, $e_i = f_i$, $i = 1, \cdots, n$.

证 设 $\mu = pq$, 且 p, q 的最大公因子 $\gcd(p, q) = 1$. 考虑集合

$$M_p = \{ v \in M \mid pv = 0 \} \quad \text{及} \quad M_q = \{ v \in M \mid qv = 0 \}.$$

来证 $M = M_p \oplus M_q$, 及 M_p 与 M_q 分别有零化子 $\langle p \rangle$ 与 $\langle q \rangle$.

由于 p 与 q 互素, 故理想 $\langle p, q \rangle$ 由 $\gcd(p, q) = 1$ 生成 (证明如同命题 1.2.1 的证明), 故 $1 \in \langle p, q \rangle$. 因此, 存在 $a, b \in R$, 使得

$$ap + bq = 1.$$

若 $v \in M_p \cap M_q$, 则 $pv = qv = 0$. 故

$$v = 1v = (ap + bq)v = 0.$$

因此,　$M_p \cap M_q = \{0\}$.

对任意 $v \in M$, 也有

$$v = 1v = apv + bqv,$$

而 $q(apv) = a(pq)v = a\mu v = 0$, 故 $apv \in M_q$, 同样 $bqv \in M_p$. 因此, $M = M_p \oplus M_q$.

若 $rM_p = 0$, 则对任意 $v = v_1 + v_2 \in M_p \oplus M_q = M$, 有

$$rqv = rq(v_1 + v_2) = qrv_1 + rqv_2 = 0,$$

因此,　$rq \in \mathrm{ann}(M)$, 这导出 $\mu = pq | rq$, 即 $p | r$, 这说明 $\mathrm{ann}(M_p) = \langle p \rangle$. 同样可证 $\mathrm{ann}(M_q) = \langle q \rangle$.

若 μ 是素元的乘积

$$\mu = p_1^{e_1} \cdots p_n^{e_n},$$

由刚才的证明知有

$$M = M_{p_1^{e_1}} \oplus N,$$

这里 N 为具有零化子 $\langle \mu / p_1^{e_1} \rangle$ 的子模. 重复这个步骤, 记 $M_{p_i^{e_i}}$ 为 M_{p_i}, $i = 1, \cdots, n$, 就得定理中的分解.

至于分解的唯一性, 注意到由 $M = N_1 \oplus \cdots \oplus N_m$ 知 $\mathrm{ann}(M) = \langle q_1^{f_1}, \cdots, q_n^{f_n} \rangle$, 因此 $q_1^{f_1} \cdots q_m^{f_m}$ 与 $p_1^{e_1} \cdots p_n^{e_n}$ 相伴. 由定理 1.2.3, R 是唯一因

子分解环, 故 $n = m$, 且可适当安排下标 i 使得 q_i 与 p_i 相伴, $e_i = f_i$, $i = 1, \cdots , n$. 从而

$$N_i = \{v \in M \mid q_i^{f_i} v = 0\} = \{v \in M \mid p_i^{e_i} v = 0\} = M_{p_i}, \qquad i = 1, \cdots , n.$$

3. 第三步, 由定理 4.3.2 知, 下一步就应该对定理 4.3.2 中的那些准素子模 M_{p_i}, $i = 1, \cdots , n$ 进行分解.

定理 4.3.3（循环分解定理）　若 M 是主理想整环 R 上非零准素有限生成挠模, 其阶为 p^e, 则 M 可分解为循环子模的直和

$$M = C_1 \oplus \cdots \oplus C_n. \tag{4.3.1}$$

C_i 为有阶 p^{e_i} 的循环子模, $i = 1, 2, \cdots , n$, 且满足

$$e = e_1 \geq e_2 \geq \cdots \geq e_n \geq 1,$$

或等价地

$$p \mid p^{e_n} \mid p^{e_{n-1}} \mid \cdots \mid p^{e_1}. \tag{4.3.2}$$

证　先来证明在 M 中一定存在一个元素 v_1, 使得 $\mathrm{ann}(v_1) = \mathrm{ann}(M) = \langle p^e \rangle$. 如果这样的 v_1 不存在, 那么对所有的 $v \in M$, 都有 $\mathrm{ann}(v) = \langle p^k \rangle$, 而 $k < e$. 故 $p^{e-1} \in \mathrm{ann}(M)$. 这导出 $p^e \mid p^{e-1}$, 矛盾.

如果能证循环子模 $\langle v_1 \rangle$ 是 M 分解中的一个被加项, 即

$$M = \langle v_1 \rangle \oplus S_1, \tag{4.3.3}$$

这里 S_1 是 M 中的某个子模, 于是 S_1 也是一个在 R 上的有限生成准素挠模, 以至可以重复这个步骤, 得到

$$M = \langle v_1 \rangle \oplus \langle v_2 \rangle \oplus S_2.$$

这里 $\mathrm{ann}(v_2) = \langle p^{e_2} \rangle$, 而 $e_2 \leq e_1$. 这样一直进行下去, 得到一个上升子模序列

$$\langle v_1 \rangle \subset \langle v_1 \rangle \oplus \langle v_2 \rangle \subset \cdots .$$

由于 R 是主理想整环, 故 R 是 Noether 环. 由于 M 是有限生成的, 根据定理 4.1.5, M 是 Noether 模. 由定理 4.1.4, M 满足升链条件, 于是上述子模链到有限步停止. 这就证明了 M 可以分解为循环子模 $\langle v_i \rangle, i = 1, \cdots, n$ 的直和, 其相应的阶为 p^{e_i}, $i = 1, \cdots, n$, 且 $e = e_1 \geq e_2 \geq \cdots \geq e_n \geq 1$.

现在来证 M 可以分解为 $M = \langle v_1 \rangle \oplus S_1$.

由于 M 是有限生成的, 故有 $M = \langle v_1, u_1, \cdots, u_k \rangle$. 对 k 进行归纳法. 若 $k = 0$, 则只要令 $S_1 = \{0\}$ 即可, 若结论对 k 成立, 设

$$M = \langle v_1, u_1, \cdots, u_k, u \rangle.$$

由归纳假设

$$\langle v_1, u_1, \cdots, u_k \rangle = \langle v_1 \rangle \oplus S_0,$$

而 S_0 是一个子模.

将 $u - \alpha v_1$, $\alpha \in R$, 替代 u, 不会影响生成模 M, 即

$$\langle v_1, u_1, \cdots, u_k, u - \alpha v_1 \rangle = \langle v_1, u_1, \cdots, u_k, u \rangle = M.$$

于是可以寻找 $\alpha \in R$, 使得

$$\langle v_1 \rangle \cap \langle u - \alpha v_1, S_0 \rangle = \{0\},$$

这样就得到

$$M = \langle v_1 \rangle \oplus \langle u - \alpha v_1, S_0 \rangle = \langle v_1 \rangle \oplus S_1.$$

也就是令 $S_1 = \langle u - \alpha v_1, S_0 \rangle$ 就可以了.

$\langle u - \alpha v_1, S_0 \rangle$ 中的元素形为 $r(u - \alpha v_1) + s_0$, 于是 $\langle v_1 \rangle \cap \langle u - \alpha v_1, S_0 \rangle = \{0\}$ 等价于对于 $r \in R, s_0 \in S_0$, 有

$$r(u - \alpha v_1) + s_0 \in \langle v_1 \rangle \ \Rightarrow \ r(u - \alpha v_1) + s_0 = 0,$$

这也等价于

$$r(u - \alpha v_1) \in \langle v_1 \rangle \oplus S_0 \ \Rightarrow \ r(u - \alpha v_1) \in S_0.$$

即

$$ru \in \langle v_1 \rangle \oplus S_0 \implies r(u - \alpha v_1) \in S_0, \tag{4.3.4}$$

易证

$$\mathcal{I} = \{r \in R \mid ru \in \langle v_1 \rangle \oplus S_0\}$$

是 R 的一个理想, 故为主理想, 因此, $\mathcal{I} = \langle a \rangle$. 但是

$$p^e u = 0 \in \langle v_1 \rangle \oplus S_0,$$

故 $p^e \in \langle a \rangle$, 这导出 $a | p^e$, 故有 $f \leq e$, 使得 $a = p^f$. 于是有

$$ru \in \langle v_1 \rangle \oplus S_0 \implies r \in \mathcal{I} \implies r = qp^f, \qquad \text{其中 } q \in R,$$
$$\implies r(u - \alpha v_1) = qp^f(u - \alpha v_1).$$

因此, 如能找到 $\alpha \in R$ 使得

$$p^f(u - \alpha v_1) \in S_0, \tag{4.3.5}$$

则 (4.3.4) 得证.

由于 $p^f \in \mathcal{I}$, 故 $p^f u \in \langle v_1 \rangle \oplus S_0$ 可写为

$$p^f u = t v_1 + s_0, \tag{4.3.6}$$

这里 $t \in R, s_0 \in S_0$. 于是 (4.3.5) 成为

$$t v_1 + s_0 - \alpha p^f v_1 \in S_0,$$

即

$$(t - \alpha p^f) v_1 \in S_0.$$

上式成立, 当且仅当 $t - \alpha p^f = 0$, 即, 当且仅当 $p^f | t$.

由 (4.3.6), 有

$$0 = p^{e-f} p^f u = p^{e-f} t v_1 + p^{e-f} s_0.$$

由于 $\langle v_1 \rangle \cap S_0 = \{0\}$, 故 $p^{e-f} t v_1 = 0$. 由于 v_1 的阶为 p^e, 故 $p^e | p^{e-f} t$, 即 $p^f | t$, 这就是我们所需要的. 于是 (4.3.3) 得证, 从而 (4.3.1) 得证.

(4.3.2) 可由 (4.3.1) 推出来. 事实上, 由于

$$p^e \in \mathrm{ann}(M) \subset \mathrm{ann}(C_i), \qquad i = 1, \cdots, n,$$

故若 $\mathrm{ann}(C_i) = \langle \alpha_i \rangle$, 则 $\alpha_i | p^e$. 于是 $\alpha_i = p^{e_i}, e_i \leq e$, $i = 1, \cdots, n$. 对 $e_i, i = 1, \cdots, n$, 重新排列, 得到 (4.3.2).

从证明的过程中, 可以看出这样的分解不是唯一的, 虽然如此, 除去乘上可逆元, 阶 p^{e_i} 是唯一决定的, 素元 p 也是唯一决定的, 因为它要除尽 M 的阶 p^e. 于是有如下的唯一性定理.

定理 4.3.4（循环分解唯一性定理）　若 M 是主理想整环 R 上一个非零的有限生成挠模, 其阶为 p^e. 若 M 可分解为

$$M = C_1 \oplus \cdots \oplus C_n,$$

这里 C_i 是阶为 p^{e_i} 的非零循环子模, 且 $e_1 \geq \cdots \geq e_n \geq 1$.

若 M 还可以分解为

$$M = D_1 \oplus \cdots \oplus D_m,$$

这里 D_i 是阶为 p^{f_i} 的非零循环子模, 且 $f_1 \geq \cdots \geq f_m \geq 1$, 则有 $n = m$ 及

$$e_1 = f_1, \cdots, e_n = f_n.$$

为了证明这条唯一性定理, 要用到以下这些易证的结果.

设 R 是主理想整环.

1) 在 2.3 节中第 3 条关于向量空间的同构定理都可以推广到主理想整环 R 上的 R- 模中来, 例如: R- 模中的第一同构定理为: 若 M, N 为主理想整环 R 上的两个 R- 模, 映射 $\tau \in \mathrm{Hom}_R(M, N)$, 则 $M/\ker(\tau) \approx \mathrm{im}(\tau)$.

2) 若 $\langle v \rangle$ 是一循环 R- 模, $\mathrm{ann}(v) = \langle a \rangle$, 则映射

$$\tau: \quad R \to \langle v \rangle, \quad \tau(r) = rv, \qquad r \in R$$

是满射同态, 其核为 $\langle a \rangle$, 故由 1) 中的第一同构定理, 有

$$\langle v \rangle \approx R/\langle a \rangle.$$

若 a 是素元, 则 $\langle a \rangle$ 是 R 中极大理想, 故由引理 4.1.1, $R/\langle a \rangle$ 是域.

3) 若 $p \in R$ 是素元, M 是这样的一个 R- 模, 使得 $pM = \{0\}$, 则 M 是 $R/\langle p \rangle$ 上的一个向量空间, 其数乘定义为: 对所有 $v \in M$,

$$(r + \langle p \rangle)v = rv.$$

4) 若 $p \in R$ 是素元, 对于 R- 模 M 的任意子模 S, 集合

$$S^{(p)} = \{v \in S \mid pv = 0\}$$

是 M 的一个子模. 若 $M = S \oplus T$, 则 $M^{(p)} = S^{(p)} \oplus T^{(p)}$.

定理 4.3.4 的证明 先证 $n = m$.

由 4),

$$M^{(p)} = C_1^{(p)} \oplus \cdots \oplus C_n^{(p)}$$

及

$$M^{(p)} = D_1^{(p)} \oplus \cdots \oplus D_m^{(p)}.$$

由于 $pM^{(p)} = \{0\}$, 故由 3), $M^{(p)}$ 是 $R/\langle p \rangle$ 上的一个向量空间. 由于 C_i, D_j, $i = 1, \cdots, n, j = 1, \cdots, m$, 均为循环子模, 故 $C_i^{(p)}, D_j^{(p)}$, $i = 1, \cdots, n, j = 1, \cdots, m$, 均为 $M^{(p)}$ 这个向量空间的一维向量子空间, 故 $n = m$.

再证 $e_i = f_i, i = 1, \cdots, n$. 对 e_1 进行数学归纳法.

设 $e_1 = 1$, 则所有的 $e_i = 1, i = 1, \cdots, n$, 故 $pM = \{0\}$. 这样所有的 $f_i = 1, i = 1, \cdots, n$, 因为若 $f_1 > 1$, 而 $D_1 = \langle w \rangle$, 则 $pw \neq 0$, 矛盾.

若结论对 $e_1 \leq k - 1$ 都成立, 来证明当 $e_1 = k$ 时结论也成立. 设

$$(e_1, \cdots, e_n) = (e_1, \cdots, e_s, 1, \cdots, 1), \qquad e_s > 1$$

及

$$(f_1, \cdots, f_n) = (f_1, \cdots, f_t, 1, \cdots, 1), \qquad f_t > 1,$$

则

$$pM = pC_1 \oplus \cdots \oplus pC_s$$

及

$$pM = pD_1 \oplus \cdots \oplus pD_t.$$

易见 pC_i 是 M 的循环子模及 $\operatorname{ann}(pC_i) = \langle p^{e_i-1} \rangle$. 这是因为, 若 $C_i = \langle v_i \rangle$, 则

$$pC_i = \{pc|\ c \in C_i\} = \{prv_i|\ r \in R\} = \{r(pv_i)|\ r \in R\} = \langle pv_i \rangle,$$

而 pv_i 的阶为 p^{e_i-1}. 同样 pD_i 是 M 的循环子模及 $\operatorname{ann}(pD_i) = \langle p^{f_i-1} \rangle$. 特别 $\operatorname{ann}(pC_1) = \langle p^{e_1-1} \rangle$, 由归纳假设, 有

$$s = t \quad \text{及} \quad e_1 = f_1, \cdots, e_s = f_s.$$

定理得证.

4. 总结以上的三步, 得到 (1) 先将主理想整环 R 上的有限生成模分解为挠模与自由模之直和 (定理 4.3.1), 即

$$M = M_{\text{tor}} \oplus M_{\text{free}},$$

这里 M_{free} 为 M 的一个自由子模, 而 M_{tor} 为 M 中所有挠元组成的挠模. (2) 若 M_{tor} 的阶为

$$\mu = p_1^{e_1} \cdots p_n^{e_n},$$

这里 $p_i, i = 1, \cdots, n$, 是互不相伴的素元, 则有准素分解 (定理 4.3.2)

$$M_{\text{tor}} = M_{p_1} \oplus \cdots \oplus M_{p_n},$$

这里 M_{p_i} 为准素模, 其阶为 $p_i^{e_i}$, $i = 1, \cdots, n$. 于是 M 有分解

$$M = M_{p_1} \oplus \cdots \oplus M_{p_n} \oplus M_{\text{free}}.$$

(3) 由定理 4.3.3, 再将准素模 $M_{p_i}, i = 1, \cdots, n$, 分解为循环子模的直和.

归纳起来有这样重要的两个不同形式的定理.

定理 4.3.5（*主理想整环上有限生成模的循环分解定理 —— 初等因子形式*） 若 M 是主理想整环 R 上的一个非零有限生成模, 则

$$M = M_{\text{tor}} \oplus M_{\text{free}},$$

这里 M_{tor} 是 M 中所有挠元的集合, M_{free} 是一个自由模, 其秩由模 M 所唯一决定. 若 M_{tor} 有阶

$$\mu = p_1^{e_1} \cdots p_n^{e_n},$$

这里 p_i, $i = 1, \cdots, n$ 为互不相伴的素元, 则

$$M_{\text{tor}} = M_{p_1} \oplus \cdots \oplus M_{p_n},$$

这里

$$M_{p_i} = \{v \in M \mid p_i^{e_i} v = 0\}$$

是准素模, 其阶为 $p_i^{e_i}$, $i = 1, \cdots, n$.

每个 M_{p_i} 可以分解为循环子模的直和

$$M_{p_i} = C_{i,1} \oplus \cdots \oplus C_{i,k_i},$$

而 $C_{i,j}$ 的阶为 $p_i^{e_{i,j}}$, $j = 1, \cdots, k_i$, 且

$$e_i = e_{i,1} \geq e_{i,2} \geq \cdots \geq e_{i,k_i} \geq 1, \qquad i = 1, \cdots, n.$$

将 M 的循环子模直和项 C_{ij} 的阶 $p_i^{e_{i,j}}$, $j = 1, \cdots, k_i$, $i = 1, \cdots, n$, 称为 M 的**初等因子** (elementary divisors). 除了乘以可逆元外, M 的初等因子由模 M 所唯一决定.

最终得到 M 可以分解为循环子模及一个自由模的直和

$$M = (C_{1,1} \oplus \cdots \oplus C_{1,k_1}) \oplus \cdots \oplus (C_{n,1} \oplus \cdots \oplus C_{n,k_n}) \oplus M_{\text{free}}. \tag{4.3.7}$$

定理 4.3.5 的分解部分前面已证完. 下面说明一下初等因子的唯一性. 根据定理 4.3.1 中的唯一性部分, 不妨设 $M_{\text{free}} = \{0\}$. 令 $D_i = D_{i,1} \oplus \cdots \oplus D_{i,l_i}$, $i = 1, \cdots, m$. 则 D_i 是阶为 $q_i^{f_{i,1}}$ 的准素模. 于是 M 有如下两种准素分解

$$M = D_1 \oplus \cdots \oplus D_m = M_{p_1} \oplus \cdots \oplus M_{p_n}.$$

故由定理 4.3.2 的唯一性部分知, $n = m$, 且不妨设 $D_i = M_{p_i}$, $i = 1, \cdots, n$. 从而 q_i 与 p_i 相伴, $e_{i,1} = f_{i,1}$, $i = 1, \cdots, n$. 再由定理 4.3.4 知, $l_i = k_i$, $f_{i,j} = e_{i,j}$, $i = 1, \cdots, n$, $j = 1, \cdots, k_i$. 这就证明了分解的唯一性, 即 M 的初等因子是由 M 唯一确定的.

这种分解还可以写成另一种形式.

设 S, T 是 M 的循环子模. 若 $\text{ann}(S) = \langle a \rangle$ 及 $\text{ann}(T) = \langle b \rangle$, 且 $\gcd(a, b) = 1$, 则 $S \cap T = \{0\}$, 于是 $S \oplus T$ 也是一个循环子模, 且 $\text{ann}(S \oplus T) = \langle ab \rangle$.

在 (4.3.7) 中, 记

$$D_1 = C_{1,1} \oplus \cdots \oplus C_{n,1},$$

则 D_1 是一个循环子模, 其阶为

$$q_1 = \prod_{i=1}^{n} p_i^{e_{i,1}}.$$

类似可以定义 $D_2, \cdots, D_m$, 这里 $m = \max_i (k_i)$.

于是有另一种形式的分解定理.

定理 4.3.6 (主理想整环上有限生成模的循环分解定理 —— 不变因子形式)   若 M 是主理想整环 R 上一个有限生成模, 则

$$M = D_1 \oplus \cdots \oplus D_m \oplus M_{\text{free}},$$

这里 M_{free} 是 M 的一个自由模, 而 D_i 是 M 的循环子模, 其阶为 q_i, $i = 1, \cdots, m$, 而且

$$q_m | q_{m-1}, \quad q_{m-1} | q_{m-2}, \cdots, \quad q_2 | q_1.$$

纯量 q_i, $i = 1, \cdots, m$, 称为 M 的 **不变因子**(invariant factor). 由定理 4.3.5 的初等因子的唯一性部分容易看出除去乘以可逆元, 这些不变因子由 M 所唯一决定, M_{free} 的秩由 M 所唯一决定.

第五讲　向量空间在线性算子下的分解

5.1　向量空间是主理想整环上有限生成模

1.　上一讲研究模理论的目的是为了站在更高的层面上来认识线性代数，在这一讲中回到向量空间及线性变换，应用上一讲的有力的模理论来认识它们. 可以说在这一讲中只是将上一讲中的结果翻译成向量空间的语言. 这里 V 不仅仅是域 F 上的向量空间，更是多项式环 $F[x]$ 上的模，其数乘定义为

$$p(x)v = p(\tau)(v),$$

这里 $p(x) \in F[x], v \in V, \tau \in \mathcal{L}(V)$. 本讲中向量空间均指有限维的，以下不再每次注明.

若 V 是域 F 上的向量空间，线性算子 $\tau \in \mathcal{L}(V)$. 对于 V 中一个基，τ 对应于 F 上的一个矩阵. 对于 V 中另一个基，τ 对应于另一个矩阵，在 3.1 节中已经知道，这两个矩阵是相似的.

问题是：对于一个固定的 $\tau \in \mathcal{L}(V)$，如何来选取 V 的基，使得对应于 τ 的矩阵尽可能的简单. 当然最简单的矩阵是对角线阵，但不是所有的 $\tau \in \mathcal{L}(V)$ 都能做到这点. 为此，只能求其次，找到另一种简单的矩阵.

上述问题也可叙述为：若 V 是 F 上的向量空间，要找出所有与 $\mathcal{L}(V)$ 中给定的线性算子相对应的矩阵在相似意义下的标准形式.

这是线性代数中讨论的最基本问题之一.

首先，若 V 是 F 上的 n 维向量空间，则 **V 作为 $F[x]-$ 模是挠模**.

显然 $\mathcal{L}(V)$ 同构于由所有 $n \times n$ 矩阵组成的向量空间 $\mathcal{M}_n(F)$. $\mathcal{M}_n(F)$ 的维数为 n^2, 故对于 $\mathcal{L}(V)$ 中任一固定的 τ, $n^2 + 1$ 个向量

$$id, \ \tau, \ \tau^2, \cdots, \ \tau^{n^2}$$

是线性相关的，故在 $F[x]$ 中有 $p(x)$, 使得 $p(\tau) = 0$. 故 $p(x)v = \{0\}$. 因

此, V 中所有元素是挠元.

其次, **V 作为 $F[x]-$ 模是有限生成模**.

若 $\mathcal{B} = (v_1, \cdots, v_n)$ 是向量空间 V 的一组基, 则每个向量 $v \in V$ 有线性组合

$$v = r_1 v_1 + \cdots + r_n v_n,$$

这里 $r_i \in F \subset F[x]$, $i = 1, \cdots, n$, 故 $\mathcal{B}$ 生成模 V.

在 1.2 节中已知 $F[x]$ 是主理想整环, 其中 F 是域.

因此, 向量空间 V 也是主理想整环 $F[x]$ 上有限生成的挠模. 所以上一讲中的分解定理能够应用.

2. 前面已定义过, 向量空间 V 的一个子空间 S, 对一个固定的 $\tau \in \mathcal{L}(V)$ 来讲是不变的, 如果 $\tau(S) \subset S$, S 称为关于 τ 的**不变子空间**.

易见, V 作为 $F[x]$ 上的模, 其子集 S 是子模当且仅当 S 是向量空间 V 关于 τ 的不变子空间.

固定 $\tau \in \mathcal{L}(V)$, 模 V 的零化子为

$$\mathrm{ann}(V) = \{p(x) \in F[x] | \ p(x)V = \{0\}\}.$$

这是 $F[x]$ 上的一个非零主理想 (因为 $F[x]$ 是主理想环). 由于 V 的阶, 即 $\mathrm{ann}(V)$ 的生成元, 是相伴的, 而 $F[x]$ 的可逆元就是 F 中的非零元, 故 V 有唯一的 **首一阶** (monic order). 称这个唯一的首一阶, 即生成 $\mathrm{ann}(V)$ 的唯一首一多项式, 为 **τ 的极小多项式** (minimal polynomial), 记作 $m_\tau(x)$, 或 $\min(\tau)$. 于是

$$\mathrm{ann}(V) = \langle m_\tau(x) \rangle$$

及

$$p(x)V = \{0\} \quad \text{当且仅当} \quad m_\tau(x)|p(x),$$

或

$$p(\tau) = 0 \quad \text{当且仅当} \quad m_\tau(x)|p(x).$$

在传统的线性代数的书中，并未引入模的概念，对线性算子 τ 的极小多项式定义为使 $m_\tau(\tau) = 0$ 的最小次的唯一的首一多项式. 对矩阵也可定义极小多项式. 若 A 是域 F 上的一个方阵，A 的极小多项式 $m_A(x)$ 是使 $p(A) = 0$ 的最小次的唯一的首一多项式 $p(x) \in F[x]$.

显然，1) 若 A 与 B 是相似矩阵，则 $m_A(x) = m_B(x)$，即极小多项式在相似下不变；

2) $\tau \in \mathcal{L}(V)$ 的极小多项式和与 τ 相应的矩阵的极小多项式是相同的.

3) 若 S 是模 V 的子模，则 S 的首一阶是限制 $\tau|_S$ 的极小多项式.

3. 固定 $\tau \in \mathcal{L}(V)$，考虑循环子模

$$\langle v \rangle = \{p(x)v | \ p(x) \in F[x]\}.$$

设其首一阶为 $m(x)$. 于是 $m(x)$ 是限制 $\sigma = \tau|_{\langle v \rangle}$ 的极小多项式 (见第 2 条中的 3)). 若

$$m(x) = a_0 + a_1 x + \cdots + a_{n-1} x^{n-1} + x^n,$$

则可证

$$\mathcal{B} = (v, xv, \cdots, x^{n-1}v) = (v, \sigma(v), \cdots, \sigma^{n-1}(v))$$

是向量空间 $\langle v \rangle$ 的一组基.

先证 $\mathcal{B}$ 是线性无关的.

若存在非零数量 r_i, $i = 0, 1, \cdots, n-1$, 使得

$$r_0 v + r_1 xv + \cdots + r_{n-1} x^{n-1} v = 0,$$

即

$$(r_0 + r_1 x + \cdots + r_{n-1} x^{n-1})v = 0,$$

则

$$(r_0 + r_1 x + \cdots + r_{n-1} x^{n-1})\langle v \rangle = \{0\},$$

故 $m(x)|(r_0 + r_1 x + \cdots + r_{n-1} x^{n-1})$, 这导致 $r_i = 0$, $i = 0, \cdots, n-1$.

再证 $\mathcal{B}$ 生成 $\langle v \rangle$.

$\langle v \rangle$ 中每个元素是 $p(x)v$, $p(x) \in F[x]$ 的形式, 将 $p(x)$ 除以极小多项式 $m(x)$, 得

$$p(x) = q(x)m(x) + r(x),$$

这里 $\deg r(x) < \deg m(x) = n$. 由于 $m(x)v = 0$, 故 $p(x)v = r(x)v$, 这表明 $\langle v \rangle$ 中所有元素都有 $r(x)v$ 的形式. 也就是

$$\langle v \rangle = \{r(x)v|\ \deg r(x) < \deg m(x)\} = \operatorname{span}(\mathcal{B}).$$

因此, $\mathcal{B}$ 是 $\langle v \rangle$ 的一组基.

来计算 σ 在基 $\mathcal{B}$ 之下的矩阵 $[\sigma]_{\mathcal{B}}$.

当 $i = 0, \cdots, n-2$, 则

$$\sigma(\sigma^i(v)) = \sigma^{i+1}(v).$$

而由于 $m(x)$ 是 σ 的极小多项式, 故

$$\sigma(\sigma^{n-1}(v)) = \sigma^n(v) = -(a_0 + a_1\sigma + \cdots + a_{n-1}\sigma^{n-1})(v)$$
$$= -a_0 v - a_1\sigma(v) - \cdots - a_{n-1}\sigma^{n-1}(v).$$

于是 σ 在基 $\mathcal{B}$ 之下的矩阵为 $C[m(x)]$,

$$\sigma\mathcal{B} = \mathcal{B}C[m(x)],$$

而

$$C[m(x)] = \begin{pmatrix} 0 & 0 & \cdots & 0 & -a_0 \\ 1 & 0 & \cdots & 0 & -a_1 \\ 0 & 1 & & \vdots & \vdots \\ \vdots & \vdots & \ddots & 0 & -a_{n-2} \\ 0 & 0 & \cdots & 1 & -a_{n-1} \end{pmatrix},$$

$C[m(x)]$ 称为多项式

$$m(x) = a_0 + a_1 x + \cdots + a_{n-1}x^{n-1} + x^n$$

的**友矩阵** (companian matrix). 这只对首一多项式定义.

若 $\tau \in \mathcal{L}(V)$, V 的一个子空间 S 称为 **τ- 循环** (τ-cyclic), 若存在 $v \in S$, 使得

$$\{v, \tau(v), \cdots, \tau^{m-1}(v)\}$$

是 S 的一组基, 这里 $m = \dim(S)$.

于是有

1) S 是 V 的子集, S 是 V 的循环子模当且仅当它是 V 的 τ 循环子空间.

2) 若 $\langle v \rangle$ 是 V 的一个循环子模, $\langle v \rangle$ 的首一阶 (即 $\sigma = \tau|_{\langle v \rangle}$ 的极小多项式) 是

$$m_\sigma(x) = a_0 + a_1 x + \cdots + a_{n-1} x^{n-1} + x^n,$$

则

$$\mathcal{B} = (v, xv, \cdots, x^{n-1}v) = (v, \sigma(v), \cdots, \sigma^{n-1}(v))$$

是 $\langle v \rangle$ 的一组基, σ 对 $\mathcal{B}$ 而言的矩阵 $[\sigma]_\mathcal{B}$ 是 $m_\sigma(x)$ 的友矩阵 $C(m_\sigma(x))$.

5.2　向量空间的分解

有了上一节作准备, 就可以将上一讲中的分解定理翻译成向量空间中的结果.

定理 4.3.5 成为如下定理.

定理 5.2.1 (向量空间关于线性变换的循环分解定理)　　若 V 为有限维向量空间, $\tau \in \mathcal{L}(V)$. 若 τ 的极小多项式为

$$m_\tau(x) = p_1^{e_1}(x) \cdots p_n^{e_n}(x),$$

这里 $p_i(x)$, $i = 1, \cdots, n$, 是相互不同的, 不可约的首一多项式, 则 V 可分解为直和

$$V = V_{p_1} \oplus \cdots \oplus V_{p_n},$$

这里

$$V_{p_i} = \{v \in V \mid p_i^{e_i}(\tau)(v) = 0\}$$

是 V 的不变子空间 (子模), 而 $\tau|_{V_{p_i}}$ 的极小多项式为

$$\min(\tau|_{V_{p_i}}) = p_i^{e_i}(x), \qquad i = 1, \cdots, n.$$

进一步, V_{p_i}, $i = 1, \cdots, n$, 可以再分解为 τ– 循环子空间 (循环子模) 的直和

$$V_{p_i} = \langle v_{i,1} \rangle \oplus \cdots \oplus \langle v_{i,k_i} \rangle,$$

这里 $\tau|_{\langle v_{i,j} \rangle}$ 的极小多项式为

$$\min(\tau|_{\langle v_{i,j} \rangle}) = p_i^{e_{i,j}}(x), \qquad i = 1, \cdots, n, \ j = 1, \cdots, k_i,$$

而

$$e_i = e_{i,1} \geq e_{i,2} \geq \cdots \geq e_{i,k_i} \geq 1, \qquad i = 1, \cdots, n,$$

V 的初等因子 $p_i^{e_{i,j}}(x)$, 也就是 τ 的初等因子, 由算子 τ 唯一决定.

归纳起来, V 可分解为 τ– 循环子空间的直和

$$V = (\langle v_{1,1} \rangle \oplus + \cdots \oplus \langle v_{1,k_1} \rangle) \oplus \cdots \oplus (\langle v_{n,1} \rangle \oplus \cdots \oplus \langle v_{n,k_n} \rangle). \tag{5.2.1}$$

在定理 4.3.5 中, 要求阶 $\mu = p_1^{e_1} \cdots p_n^{e_n}$, 这里 p_i, $i = 1, \cdots, n$, 为互不相伴的素元. 在定理 5.2.1 中, 说 $p_i(x)$, $i = 1, \cdots, n$, 为互不相同的不可约多项式. 由于 $F[x]$ 是主理想整环, 故素元与不可约元是一致的.

用循环分解定理可以决定相似意义下的标准形式.

若 $V = S \oplus T$, S, T 都是 $\tau \in \mathcal{L}(V)$ 之下的不变子空间, 则称 (S, T)**约化**(reduce) τ. 若 $V = S \oplus T$, 且

$$\tau|_S: \ S \to S \quad \text{及} \quad \tau|_T: \ T \to T$$

分别是 S, T 上的线性算子.

记 $\tau = \rho \oplus \sigma$, 若存在 V 的子空间 S 与 T, 使得 (S,T) 约化 τ, 及

$$\rho = \tau|_S, \quad \sigma = \tau|_T.$$

若 $\mathcal{C} = (c_1, \cdots, c_s)$ 是 S 的一组基, $\mathcal{D} = (d_1, \cdots, d_t)$ 是 T 的一组基, 则 $\mathcal{B} = (c_1, \cdots, c_s, d_1, \cdots, d_t)$, $s + t = n$, 是 V 的一组基. 于是矩阵 $[\tau]_{\mathcal{B}}$ 可以写成分块对角矩阵 (block diagonal matrix)

$$[\tau]_{\mathcal{B}} = \begin{pmatrix} [\rho]_{\mathcal{C}} & 0 \\ 0 & [\sigma]_{\mathcal{D}} \end{pmatrix}.$$

这可推广到 τ 可分解为多个线性算子的直和的情形.

回到 (5.2.1). 若 $\mathcal{B}_{i,j}$ 是循环子模 $\langle v_{i,j} \rangle$ 的基, 而

$$\mathcal{B} = (\mathcal{B}_{1,1}, \cdots, \mathcal{B}_{n,k_n})$$

为 V 的基, 则由定理 5.2.1,

$$[\tau]_{\mathcal{B}} = \begin{bmatrix} [\tau_{1,1}]_{\mathcal{B}_{1,1}} & & \\ & \ddots & \\ & & [\tau_{n,k_n}]_{\mathcal{B}_{n,k_n}} \end{bmatrix},$$

这里 $\tau_{i,j} = \tau|_{\langle v_{i,j} \rangle}$, $i = 1, \cdots, n$, $j = 1, \cdots, k_i$.

循环子模 $\langle v_{i,j} \rangle$ 有首一阶 $p_i^{e_{i,j}}(x)$, 即限制 $\tau_{i,j}$ 有极小多项式 $p_i^{e_{i,j}}(x)$. 于是若

$$\deg p_i^{e_{i,j}}(x) = d_{i,j},$$

则

$$\mathcal{B}_{i,j} = (v_{ij}, \tau_{ij}(v_{ij}), \cdots, \tau_{ij}^{d_{i,j}-1}(v_{ij}))$$

是 $\langle v_{ij} \rangle$ 的一组基, $i = 1, \cdots, n$, $j = 1, \cdots, k_i$. 于是有如下定理.

定理 5.2.2 若 V 是有限维向量空间, $\tau \in \mathcal{L}(V)$ 的极小多项式为

$$m_\tau(x) = p_1^{e_1}(x) \cdots p_n^{e_n}(x),$$

这里首一多项式 $p_i(x)$, $i = 1, \cdots, n$, 是互不相同的不可约的, 则 V 有分解

$$V = (\langle v_{1,1} \rangle \oplus \cdots \oplus \langle v_{1,k_1} \rangle) \oplus \cdots \oplus (\langle v_{n,1} \rangle \oplus \cdots \oplus \langle v_{n,k_n} \rangle),$$

这里 $\langle v_{i,j} \rangle$, $i = 1, \cdots, n$, $j = 1, \cdots, k_i$, 是 V 的 τ_{ij}- 循环子空间; $\tau_{ij} = \tau|_{\langle v_{i,j} \rangle}$, 它的极小多项式是 V 的初等因子

$$\min(\tau_{ij}) = p_i^{e_{ij}}(x),$$

这里

$$e_i = e_{i,1} \geq e_{i,2} \geq \cdots \geq e_{i,k_i} \geq 1.$$

初等因子由 τ 唯一决定. 若 $\deg p_i^{e_{i,j}}(x) = d_{i,j}$, 则

$$\mathcal{B}_{i,j} = (v_{i,j}, \tau_{ij}(v_{ij}), \cdots, \tau_{ij}^{d_{ij}-1}(v_{ij}))$$

是 $\langle v_{ij} \rangle$ 的一组基, τ 相对于基

$$\mathcal{B} = (\mathcal{B}_{1,1}, \cdots, \mathcal{B}_{n,k_n})$$

的矩阵是分块对角矩阵

$$[\tau]_{\mathcal{B}} = \begin{pmatrix} C[p_1^{e_{1,1}}(x)] & & & & & & \\ & \ddots & & & & & \\ & & C[p_1^{e_{1,k_1}}(x)] & & & & \\ & & & \ddots & & & \\ & & & & C[p_n^{e_{n,1}}(x)] & & \\ & & & & & \ddots & \\ & & & & & & C[p_n^{e_{n,k_n}}(x)] \end{pmatrix}.$$

上式右边的矩阵称为 τ 的**有理标准形式** (rational canonical form). 这还可写成

$$[\tau]_{\mathcal{B}} = \mathrm{diag}(C[p_1^{e_{1,1}}(x)], \cdots, C[p_n^{e_{n,k_n}}(x)]).$$

由向量空间的循环分解的唯一性定理, 这样的有理标准形式是唯一的.

定理 5.2.2 用矩阵的语言为：任意矩阵 A 唯一地（除去主对角线上分块的次序）相似于一个有理标准形式的矩阵.

由此还可有：域 F 上两个矩阵是相似的当且仅当它们有相同的初等因子.

定理 5.2.1 及定理 5.2.2 是线性代数的顶峰之一. 从几何上讲，它们彻底解决了一个域上的向量空间，在一个线性变换下的分解. 从代数上讲它们彻底地解决了在一个域上的矩阵在相似变换下的分类.

5.3　特征多项式、特征值与特征向量

1. 若 $p(x) = a_0 + a_1 x + \cdots + a_{n-1} x^{n-1} + x^n$, $C[p(x)]$ 为其友矩阵，令

$$
A = xI - C[p(x)] = \begin{pmatrix}
x & 0 & \cdots & 0 & a_0 \\
-1 & x & \cdots & 0 & a_1 \\
0 & -1 & \ddots & \vdots & \vdots \\
\vdots & \vdots & \ddots & x & a_{n-2} \\
0 & 0 & \cdots & -1 & x + a_{n-1}
\end{pmatrix}.
$$

显然 A 是 $x, a_0, \cdots, a_{n-1}$ 的函数，记作 $A = A(x; a_0, \cdots, a_{n-1})$.

命题 5.3.1　$\det(xI - C[p(x)]) = p(x)$.

证　当 $n = 2$, 则

$$
\det(A(x; a_0, a_1)) = \begin{vmatrix} x & a_0 \\ -1 & x + a_1 \end{vmatrix} = x(x + a_1) + a_0
$$
$$
= a_0 + a_1 x + x^2 = p(x).
$$

当 $n = 3$, 则

$$
\det(A(x; a_0, a_1, a_2)) = \begin{vmatrix} x & 0 & a_0 \\ -1 & x & a_1 \\ 0 & -1 & x + a_2 \end{vmatrix}
$$
$$
= x \begin{vmatrix} x & a_1 \\ -1 & x + a_2 \end{vmatrix} + a_0 \begin{vmatrix} -1 & x \\ 0 & -1 \end{vmatrix}
$$
$$
= a_0 + a_1 x + a_2 x^2 + x^3 = p(x).
$$

对一般的 n, 对行列式沿第一行展开, 得到

$$\det(A(x; a_0, \cdots, a_{n-1})) = x \det(A(x; a_1, \cdots, a_{n-1})) + (-1)^{n+1}(-1)^{n-1} a_0.$$

由归纳假设这等于 $x(x^{n-1} + a_{n-1}x^{n-2} + \cdots + a_1) + a_0 = p(x)$.

由命题 5.3.1 可得如下结论.

命题 5.3.2 若 $\tau \in \mathcal{L}(V)$, R 是 τ 的有理标准形式, 则

$$C_\tau(x) = \det(xI - R) = \prod_{i,j} p_i^{e_{i,j}}(x),$$

这个行列式称为 τ 的**特征多项式**(eigenpolynomial).

在线性代数通常的书中, 往往先定义矩阵的特征多项式, 然后再定义线性算子的特征多项式. 方阵 A 的特征多项式定义为 $C_A(x) = \det(xI - A)$.

由此可得下面的结论.

1) 若 A 与 B 相似, 则 $C_A(x) = C_B(x)$. 即特征多项式在相似下不变.

2) 线性算子 τ 的特征多项式和与 τ 相对应的矩阵的特征多项式相等.

3) 线性算子 τ 的特征多项式是 τ 的初等因子的乘积.

2. $\lambda \in F$ 是线性算子 $\tau \in \mathcal{L}(V)$ 的特征多项式 $C_\tau(x)$ 的根, 当且仅当

$$\det(\lambda I - R) = 0,$$

即矩阵 $\lambda I - R$ 是奇异的. 若 $\dim(V) = d$, 则 τ 的有理标准形式 R 为 $d \times d$ 的矩阵. 故 $\det(\lambda I - R) = 0$ 当且仅当存在非零向量 $x \in F^d$, 使得

$$(\lambda I - R)x = 0,$$

即

$$Rx = \lambda x.$$

若 $v \in V$ 是非零向量使得 $[v]_{\mathcal{B}} = x$, 这里 $\mathcal{B}$ 是 V 的基使 τ 的矩阵为 R, 则上式等价于

$$\tau(v) = \lambda v.$$

定义 5.3.1　若 $\tau \in \mathcal{L}(V)$, 数量 $\lambda \in F$ 是 τ 的一个**特征值**(eigenvalue), 若存在非零向量 $v \in V$, 使得

$$\tau(v) = \lambda v.$$

这时称 v 为 τ 的以 λ 为特征值的**特征向量**(eigenvector).

若 A 为 F 上的矩阵, $\lambda \in F$ 是 A 的特征值若存在非零列向量 x, 使得

$$Ax = \lambda x.$$

这时称 x 为 A 的以 λ 为特征值的特征向量.

对一个给定的特征值 λ, 所有以 λ 为特征值的特征向量加上零向量, 组成 V 的一个子空间, 称为 λ 的特征空间 (eigenspace), 记作 $\mathcal{E}_\lambda$.

由此可得如下结论.

命题 5.3.3　1) $\lambda \in F$ 是 $\tau \in \mathcal{L}(V)$ 的一个特征值当且仅当它是 τ 的特征多项式 $C_\tau(x)$ 的根.

2) $\lambda \in F$ 是 $\tau \in \mathcal{L}(V)$ 的特征值当且仅当它是 τ 的极小多项式 $m_\tau(x)$ 的根.

3) $\lambda \in F$ 是 $\tau \in \mathcal{L}(V)$ 的特征值当且仅当它是与 τ 相应的任何矩阵的特征值.

4) 矩阵的特征值在相似意义下不变.

5) 若 λ 是矩阵的一个特征值, 则特征空间 $\mathcal{E}_\lambda$ 是齐次方程组

$$(\lambda I - A)(x) = 0$$

的解组成的空间.

证　这里只证明 3). λ 是 τ 的特征值当且仅当有 $0 \neq v \in V$, 使得

$$\tau(v) = \lambda v.$$

设 $\dim(V) = d$, $\mathcal{B}$ 为 V 的一组基, 令 $\phi_\mathcal{B}: V \to F^d$ 为由 $\phi_\mathcal{B}(u) = [u]_\mathcal{B}$ 定义的同构. 若 $A = [\tau]_\mathcal{B}$, 则

$$\tau = (\phi_\mathcal{B})^{-1} A \phi_\mathcal{B}.$$

于是 $\tau(v) = \lambda v$ 就是

$$(\phi_{\mathcal{B}})^{-1} A \phi_{\mathcal{B}}(v) = \lambda v = (\phi_{\mathcal{B}})^{-1} \lambda \phi_{\mathcal{B}}(v),$$

即

$$A \phi_{\mathcal{B}}(v) = \lambda \phi_{\mathcal{B}}(v).$$

这表明 λ 是 A 的一个特征值. 因此, λ 是 τ 的一个特征值当且仅当它是 A 的特征值.

命题 5.3.4 与不同的特征值对应的特征向量是线性无关的, 即, 若 $v_i \in \mathcal{E}_{\lambda_i}$, $i = 1, \cdots, k$, 则 $\{v_1, \cdots, v_k\}$ 线性无关. 特别地, 若 $\lambda_1, \cdots, \lambda_k$ 是线性算子 $\tau \in \mathcal{L}(V)$ 的不同的特征值, 则 $\mathcal{E}_{\lambda_i} \cap \mathcal{E}_{\lambda_j} = \{0\}$.

证 若 v_i, $i = 1, \cdots, k$, 是线性相关的, 则在所有非平凡的线性组合为零的式子中, 有一个最短的式子, 为

$$r_1 v_1 + \cdots + r_j v_j = 0,$$

将 τ 作用上式, 得

$$r_1 \tau(v_1) + \cdots + r_j \tau(v_j) = 0,$$

即

$$r_1 \lambda_1 v_1 + \cdots + r_j \lambda_j v_j = 0,$$

在 $r_1 v_1 + \cdots + r_j v_j = 0$ 上乘以 λ_1, 再与上式相减得

$$r_2(\lambda_2 - \lambda_1) v_2 + \cdots + r_j(\lambda_j - \lambda_1) v_j = 0.$$

但这是一个更短的线性组合为零的式子, 故所有 $r_i = 0$, $i = 1, \cdots, j$.

由于 τ 的特征多项式 $C_\tau(x)$ 是所有初等因子的乘积, 而 τ 的极小多项式为

$$m_\tau(x) = p_1^{e_1}(x) \cdots p_n^{e_i}(x),$$

故 $m_\tau(x) | C_\tau(x)$. 由此得到重要的定理.

定理 5.3.1 若 $\tau \in \mathcal{L}(V)$, 则

1) 极小多项式 $m_\tau(x)$ 与特征多项式 $C_\tau(x)$ 有相同的素因子.

2) (Caley-Hamilton 定理) $m_\tau(x)|C_\tau(x)$, 即 $C_\tau(\tau) = 0$.

5.4　Jordan 标准形式

有限维向量空间的每个线性算子 τ 都有有理标准形式, 即所有有理标准形式的矩阵的全体组成一个标准形式集合. 显然, 有理标准形式还不是像我们指望的那样具有简单的形式. 对一些重要的特殊的情形, 我们可以得到更为简单的标准形式. 这种重要的特殊的情形是: 若 $\tau \in \mathcal{L}(V)$, 它的极小多项式可以分解为线性因子的乘积, 即

$$m_\tau(x) = (x - \lambda_1)^{e_1} \cdots (x - \lambda_n)^{e_n}. \tag{5.4.1}$$

当一个多项式在域 F 上可以分解为线性因子的乘积时, 称多项式可以在 F 上分裂 (split).

若域 F 上任一非常数的多项式的根仍在 F 中, 称 F 为代数封闭的 (algebraic closed). 因此, 在代数封闭域上不可约多项式只有线性多项式. 故任意非常数多项式在 F 上分裂. 代数封闭域简单的例子是复数域.

回顾有理标准形式. $\langle v_{ij} \rangle$ 是循环子模, 其首一阶为初等因子 $p_i^{e_{i,j}}(x)$, 由于对 $p_i^{e_{i,j}}(x)$ 了解甚少, 以至作为 V 的 τ- 循环子空间, 选取基为

$$\mathcal{B}_{ij} = (v_{i,j},\ \tau_{i,j}(v_{i,j}),\ \cdots,\ \tau_{i,j}^{d_{ij}-1}(v_{i,j})).$$

但当 τ 的极小多项式是 (5.4.1) 时, 其初等因子为

$$p_i^{e_{ij}}(x) = (x - \lambda_i)^{e_{ij}}.$$

这时, 我们可以更明智地选取基.

由于 $\dim(\langle v_{ij} \rangle) = \deg p_i^{e_{ij}}(x)$, 易见

$$\mathcal{G}_{ij} = (v_{ij},\ (\tau_{ij} - \lambda_i)(v_{ij}),\ \cdots,\ (\tau_{ij} - \lambda_i)^{e_{ij}-1}(v_{ij}))$$

也是 $\langle v_{ij} \rangle$ 的一组基. 记 $\mathcal{G}_{ij}$ 中第 k 个基向量为 b_k, 则当 $k = 0, \cdots,$ $e_{ij} - 2$ 时,

$$
\begin{aligned}
\tau_{i,j}(b_k) &= \tau_{i,j}[(\tau_{i,j} - \lambda_i)^k(v_{i,j})] = (\tau_{ij} - \lambda_i + \lambda_i)[(\tau_{i,j} - \lambda_i)^k(v_{ij})] \\
&= (\tau_{i,j} - \lambda_i)^{k+1}(v_{i,j}) + \lambda_i(\tau_{i,j} - \lambda_i)^k(v_{i,j}) \\
&= b_{k+1} + \lambda_i b_k;
\end{aligned}
$$

当 $k = e_{ij} - 1$ 时, 应用

$$
(\tau_{i,j} - \lambda_i)^{k+1}(v_{i,j}) = (\tau_{i,j} - \lambda_i)^{e_{ij}}(v_{i,j}) = 0,
$$

可得

$$
\tau_{i,j}(b_{(e_{i,j}-1)}) = \lambda_i b_{(e_{i,j}-1)}.
$$

因此, 相对于基 $\mathcal{G}_{ij}$, $\tau_{ij} = \tau|_{\langle v_{i,j} \rangle}$ 所对应的矩阵为 $e_{ij} \times e_{ij}$ 阵

$$
g(\lambda_i, e_{ij}) = \begin{pmatrix} \lambda_i & 0 & \cdots & \cdots & 0 \\ 1 & \lambda_i & \cdots & \cdots & 0 \\ 0 & 1 & \ddots & & \vdots \\ \vdots & \vdots & \ddots & \ddots & 0 \\ 0 & 0 & \cdots & 1 & \lambda_i \end{pmatrix}.
$$

这个矩阵称为 λ_i 的 **Jordan 块**(Jordan block). 即 Jordan 块为在主对角线上元素为 λ_i, 在次对角线上元素为 1, 其余元素为零.

于是在选取新的基后, 类似于定理 5.2.2, 有如下定理.

定理 5.4.1 若算子 $\tau \in \mathcal{L}(V)$ 的极小多项式在域 F 上可分裂, 即

$$
m_\tau(x) = (x - \lambda_1)^{e_1} \cdots (x - \lambda_n)^{e_n},
$$

则 V 可分解为

$$
V = (\langle v_{1,1} \rangle \oplus \cdots \oplus \langle v_{1,k_1} \rangle) \oplus \cdots \oplus (\langle v_{n,1} \rangle \oplus \cdots \oplus \langle v_{n,k_n} \rangle),
$$

这里 $\langle v_{i,j} \rangle$ 是 V 的 $\tau-$ 循环子空间模，$\tau_{i,j} = \tau|_{\langle v_{i,j} \rangle}$ 的极小多项式为 V 的初等因子

$$\min(\tau_{ij}) = (x - \lambda_i)^{e_{ij}},$$

这里

$$e_i = e_{i,1} \ge e_{i,2} \ge \cdots \ge e_{i,k_i} \ge 1,$$

这些初等因子由 τ 唯一决定. 令

$$\mathcal{G}_{ij} = (v_{ij},\ (\tau_{ij} - \lambda_i)(v_{i,j}),\ \cdots,\ (\tau_{ij} - \lambda_i)^{e_{ij}-1}(v_{i,j}))$$

是 $\langle v_{i,j} \rangle$ 的一组基，则与 τ 对应的矩阵在基

$$\mathcal{G} = (\mathcal{G}_{1,1}, \cdots, \mathcal{G}_{n,k_n})$$

下是分块矩阵

$$[\tau]_{\mathcal{G}} = \begin{pmatrix} g(\lambda_1, e_{1,1}) & & & & & & \\ & \ddots & & & & & \\ & & g(\lambda_1, e_{1,k_1}) & & & & \\ & & & \ddots & & & \\ & & & & g(\lambda_n, e_{n,1}) & & \\ & & & & & \ddots & \\ & & & & & & g(\lambda_n, e_{n,k_n}) \end{pmatrix}.$$

上面的矩阵称为 τ 的 Jordan 标准形式 (Jordan canonical form).

　　用矩阵的语言，在代数封闭域 F 上每个矩阵都相似于唯一的一个 Jordan 标准形式. 也就是，所有的 Jordan 标准形式的确组成了在相似意义下的标准形式集合.

　　若 τ 有 Jordan 标准形式 g, 则 g 中主对角线上元素就是特征多项式 $C_\tau(x)$ 的根 (包括重数). 也就是，g 中主对角线元素 λ_i 出现的次数就是特征多项式的根 λ_i 的重数.

　　定理 5.4.1 是线性代数的另一个顶峰. 从几何上讲，它彻底解决了在代数封闭域上的一个向量空间在一个线性变换下的分解. 从代数上

讲, 它彻底解决了在代数封闭域上的矩阵在相似变换下的分类.

5.5 内积空间上算子的标准形式

1. 在 2.4 节及 3.3 节中介绍了内积空间以及其上的三种重要算子, 自共轭算子、酉算子及正规算子, 还讨论了它们的一些简单性质.

若 V, W 为 F 上有限维内积空间, $\tau \in \mathcal{L}(V, W)$, 则存在唯一的线性变换 $\tau^*: W \to V$ 定义为

$$\langle \tau(v), w \rangle = \langle v, \tau^*(w) \rangle,$$

这里 $v \in V, w \in W$. τ^* 称为 τ 的共轭算子.

若 v 是内积空间, $\tau \in \mathcal{L}(V)$, 则 τ 称为自共轭 (或埃尔米特), 如果 $\tau^* = \tau$; 称为酉, 若 τ 是双射且 $\tau^* = \tau^{-1}$; 称为正规, 若 $\tau\tau^* = \tau^*\tau$.

来看看这些算子的特征值及特征空间.

命题 5.5.1 若 τ 是自共轭, 则 τ 的特征多项式的根都是实的. 也就是说, 特征值全是实的.

证 先设 V 是复向量空间, λ 是 τ 的特征多项式 $C_\tau(x)$ 的根, 则有 $v \neq 0$, 使 $\tau(v) = \lambda v$. 于是

$$\langle \tau(v), v \rangle = \langle \lambda v, v \rangle = \lambda \langle v, v \rangle.$$

由于 τ 是自共轭,

$$\langle \tau(v), v \rangle = \langle v, \tau(v) \rangle = \langle v, \lambda v \rangle = \bar{\lambda} \langle v, v \rangle,$$

故 $\lambda = \bar{\lambda}$, 即 λ 为实的.

若 V 是实向量空间, 则 τ 对 V 的某一组基其对应的矩阵是实对称阵 A. 于是 $C_\tau(x) = C_A(x)$. 因 A 是实对称阵, 可看作复空间 $\mathbf{C}^n$ 的一个自共轭线性算子, 如上面所证, 其特征多项式的根是实的. 将 A 看作实的或复的矩阵, 其特征多项式是一样的. 故得证.

命题 5.5.2 若 τ 是酉的, 则 τ 的特征值的绝对值为 1.

证　若 τ 为酉及 $\tau(v) = \lambda v$, 则

$$\lambda \bar{\lambda} \langle v, v \rangle = \langle \lambda v, \lambda v \rangle = \langle \tau(v), \tau(v) \rangle = \langle v, v \rangle,$$

故 $|\lambda|^2 = 1$, 即 $|\lambda| = 1$.

命题 5.5.3　若 τ 为正规算子, λ, μ 为 τ 的不同的特征值, 则对应的特征子空间互相正交. 特别地, 自共轭算子和酉算子的不同特征值对应的特征子空间互相正交.

证　若 $\tau(v) = \lambda v$, $\tau(w) = \mu w$, 这里 $v, w \neq 0$, 则

$$\lambda \langle v, w \rangle = \langle \tau(v), w \rangle = \langle v, \tau^*(w) \rangle = \langle v, \bar{\mu} w \rangle = \mu \langle v, w \rangle,$$

由 $\lambda \neq \mu$ 导出 $\langle v, w \rangle = 0$. 这里用到 $\tau^*(w) = \bar{\mu} w$, 参见 3.3 节中正规算子的性质 5).

前面的有理标准形式及 Jordan 标准形式一般不是对角矩阵, 什么情况下可化为对角矩阵?

定义 5.5.1　若 V 是有限维内积空间, $\tau \in \mathcal{L}(V)$. 若有 V 的正规正交基 $\mathcal{O}$ 使得 $[\tau]_{\mathcal{O}}$ 是一个对角矩阵, 则称 τ **可正交对角化** (orthogonal diagonalizable).

定理 5.5.1　若 V 是有限维复内积空间.

1) V 上一个线性算子 τ 可以正交对角化当且仅当它是正规的.

2) τ 是 V 上的一个正规算子, 它是自共轭的当且仅当它的特征值均是实的.

3) τ 是 V 上的一个正规算子, 它是酉的当且仅当它的特征值的绝对值均为 1.

证　1) 若 τ 是复内积空间的一个正规算子, 且 τ 的极小多项式的素因子分解为

$$m_\tau(x) = (x - \lambda_1)^{e_1} \cdots (x - \lambda_k)^{e_k},$$

则由准素分解定理, V 可分解为

$$V = V_1 \oplus \cdots \oplus V_k.$$

由 3.3 节中有关正规算子的命题 3.3.5 的 4), 有

$$V_i = \{v \in V \mid (\tau - \lambda_i)^{e_i}(v) = 0\}$$
$$= \{v \in V \mid (\tau - \lambda_i)(v) = 0\} = \mathcal{E}_{\lambda_i}, \qquad i = 1, \cdots, k.$$

故 $\tau|_{V_i}$ 的极小多项式为 $x - \lambda_i$, 故 $e_i = 1$, $i = 1, \cdots, k$. 因此,

$$V = \mathcal{E}_{\lambda_1} \oplus \cdots \oplus \mathcal{E}_{\lambda_k}.$$

由前面的命题 5.5.3 的 3) 知, V 可分解为正交直和

$$V = \mathcal{E}_{\lambda_1} \perp\!\!\!\!\oplus \cdots \perp\!\!\!\!\oplus \mathcal{E}_{\lambda_k}.$$

故将每个特征空间的正规正交基组合起来构造出由 τ 的特征向量组成的 V 的一个正规正交基, 即 τ 是可以正交对角化的.

反之, 若 τ 可正交对角化, 则 V 有一个正规正交基 $\mathcal{O} = \{u_1, \cdots, u_k\}$, 其中 $\tau(u_i) = \lambda_i u_i$, $i = 1, \cdots, k$. 于是

$$\langle u_i, \tau^*(u_j) \rangle = \langle \tau(u_i), u_j \rangle = \lambda_i \langle u_i, u_j \rangle$$
$$= \lambda_i \delta_{ij} = \lambda_j \delta_{ij} = \langle u_i, \bar{\lambda}_j u_j \rangle,$$

故 $\tau^*(u_j) = \bar{\lambda}_j u_j$. 因此,

$$\tau\tau^*(u_j) = \bar{\lambda}_j \tau(u_j) = \bar{\lambda}_j \lambda_j u_j = \lambda_j \bar{\lambda}_j u_j$$
$$= \lambda_j \tau^*(u_j) = \tau^* \tau(u_j),$$

故 τ 为正规.

2) 已知自共轭算子是正规的, 则特征值均是实的. 反之, 若 τ 是正规的, 且特征值均是实的, 则对应于 λ_j 的任何特征向量 u_j, 有

$$\tau^*(u_j) = \bar{\lambda}_j u_j = \lambda_j u_j = \tau(u_j).$$

由于这些 u_j 是特征向量构成的基, 故 τ 自共轭.

3) 证明类似于 2).

上面给出了复内积空间上线性算子 τ 可正交对角化的充要条件是 τ 是正规的.

下面给出实内积空间上线性算子可正交对角化的充要条件.

定理 5.5.2　有限维实内积空间 V 上的一个线性算子 τ 可正交对角化当且仅当 τ 是自共轭的.

证　若 τ 是 V 上自共轭算子, 则由命题 5.5.1, τ 的极小多项式可在 $\mathbf{R}$ 上分裂. 由 3.3 节中关于自共轭算子的命题 3.3.2 的 8) 及命题 5.5.3 得到, V 有 τ 的特征向量组成的正规正交基. 证明类似于定理 5.5.1.

反方向用矩阵来证. 若 τ 可正交对角化, 则 V 有正规正交基 $\mathcal{O}$, 使得 $[\tau]_{\mathcal{O}}$ 对角化. 由于 $[\tau]_{\mathcal{O}}$ 是实对称的, 故

$$[\tau^*]_{\mathcal{O}} = [\tau]_{\mathcal{O}}^* = [\tau]_{\mathcal{O}}^T = [\tau]_{\mathcal{O}}.$$

故 $\tau^* = \tau$.

定理 5.5.1 及 5.5.2 的矩阵形式如下.

定理 5.5.3　1) 设 A 是一个复方阵, 则存在酉阵 U 使得 UAU^{-1} 是对角阵当且仅当 A 是正规的; 一个正规复方阵 A 是埃尔米特当且仅当 A 的特征值均为实的; 一个正规复方阵 A 是酉阵当且仅当 A 的特征值的绝对值均为 1.

2) A 是一个实方阵, 则存在正交阵 O 使得 OAO^{-1} 是对角阵当且仅当 A 是对称的 (见定理 2.3.5).

2. 上面给出了正规算子与自共轭算子分别在复数域 $\mathbf{C}$ 及实数域 $\mathbf{R}$ 上的标准形式是对角阵. 现在来给出实数域 $\mathbf{R}$ 上的酉算子的标准形式.

若 τ 是实酉, 则 $\sigma = \tau + \tau^* = \tau + \tau^{-1}$ 是自共轭的, 故有一实特征值的完备集, 如在定理 5.5.1 中那样, V 可分解为

$$V = \mathcal{E}_{\lambda_1} \oplus \cdots \oplus \mathcal{E}_{\lambda_k},$$

这里

$$\mathcal{E}_{\lambda_i} = \{v \in V \mid (\tau + \tau^{-1} - \lambda_i)(v) = 0\},$$

或乘以 τ,

$$\mathcal{E}_{\lambda_i} = \{v \in V|\ (\tau^2 - \lambda_i\tau + 1)(v) = 0\}.$$

若 $\lambda_i = 2$, 则由于 τ 是正规的, 有

$$\mathcal{E}_2 = \{v \in V|\ (\tau - 1)^2(v) = 0\} = \{v \in V|\ (\tau - 1)(v) = 0\}.$$

若 $\lambda_i = -2$, 有

$$\mathcal{E}_{-2} = \{v \in V|\ (\tau + 1)^2(v) = 0\} = \{v \in V|\ (\tau + 1)(v) = 0\}.$$

故算子 τ 在特征空间 $\mathcal{E}_2$ 及 $\mathcal{E}_{-2}$(如存在的话) 上的限制分别就是乘以 $+1$ 或 -1.

当 $\lambda_i \neq \pm 2$ 时, 若 $v \in \mathcal{E}_{\lambda_i}$, 考虑 $\mathrm{span}\{v, \tau(v)\}$. 这是 $\mathcal{E}_{\lambda_i}$ 中的一个不变子空间, 因为 $\tau(\tau(v)) = \tau^2(v) = \lambda_i\tau(v) - v$. 于是,

$$\mathcal{E}_{\lambda_i} = \mathrm{span}\{v, \tau(v)\} \oplus \mathrm{span}\{v, \tau(v)\}^{\perp}.$$

连续这个步骤, 每个 $\mathcal{E}_{\lambda_i}$ 分解为二维子空间的正交直和, τ 在每个子空间上是实酉的.

$$V = \mathcal{E}_2 \oplus \mathcal{E}_{-2} \oplus \mathcal{D}_1 \oplus \cdots \oplus \mathcal{D}_m,$$

这里 $\dim(\mathcal{D}_i) = 2$, 每一项在 τ 下不变.

于是, 只要给出在二维空间 $\mathcal{D}$ 上的实酉算子 τ 的矩阵即可. 由于对 $\mathcal{D}$ 的任意正规正交基 τ 的矩阵是正交的, 故若

$$[\tau] = \begin{pmatrix} a & b \\ c & d \end{pmatrix},$$

则

$$a^2 + b^2 = 1,$$
$$c^2 + d^2 = 1,$$
$$ac + bd = 0.$$

由于 $\det([\tau]) = 1$, 即

$$ad - bc = 1,$$

解这些方程, 得 $d = a, c = -b$, 于是

$$[\tau] = \begin{pmatrix} a & b \\ -b & a \end{pmatrix}.$$

由于 (a, b) 是 $\mathbf{R}^2$ 中的单位向量, 因此 $(a, b) = (\cos\theta, \sin\theta)$, 这里 θ 为实数, 故

$$[\tau] = \begin{pmatrix} \cos\theta & \sin\theta \\ -\sin\theta & \cos\theta \end{pmatrix}.$$

归纳起来, 有如下定理.

定理 5.5.4 若 τ 是有限维实内积空间 V 上的一个酉算子, 则 V 有一个正规正交基, 使得 τ 的矩阵有分块形式

$$\begin{pmatrix}
1 & & & & & & & & \\
& \ddots & & & & & & & \\
& & 1 & & & & & & \\
& & & -1 & & & & & \\
& & & & \ddots & & & & \\
& & & & & -1 & & & \\
& & & & & & \begin{pmatrix} \cos\theta_1 & \sin\theta_1 \\ -\sin\theta_1 & \cos\theta_1 \end{pmatrix} & & \\
& & & & & & & \ddots & \\
& & & & & & & & \begin{pmatrix} \cos\theta_k & \sin\theta_k \\ -\sin\theta_k & \cos\theta_k \end{pmatrix}
\end{pmatrix}. \tag{5.5.1}$$

定理 5.5.4 的矩阵形式为如下定理.

定理 5.5.5 若 A 是正交矩阵, 则存在正交阵 O, 使得 OAO^{-1} 是形如 (5.5.1) 的矩阵.

5.6 附记

在 5.1 节中已经说到, 本讲是将域 F 上的向量空间 V 看作 F 上的

多项式环 $F[x]$ 上的模, 于是上一讲中的结果可以翻译成为向量空间的语言, 这就得到了一系列十分重要的分解定理.

在 4.1 节中, 还说到环 R 上的一个 R- 模, 当 $R = \mathbf{Z}$ (整数环) 时, 则 $\mathbf{Z}$- 模就是 Abel 群, 也就是可以将 Abel 群看作 $\mathbf{Z}$- 模. 于是也可以将上一讲中的结果翻译成为 Abel 群的语言, 也可以得到十分重要的分解定理.

如果 G 是一个有限生成的 Abel 群, 则 G 可以视为一个有限生成的 $\mathbf{Z}$- 模. 由定理 4.3.1, G 可以分解为一个挠模 G_{tor} 和一个自由 $\mathbf{Z}$- 模 G_{free} 的直和. 设 G_{free} 的秩为 r, 则 $G_{\text{free}} \approx \mathbf{Z}^r$.

G_{tor} 也是有限生成的. 设 $x_1, \cdots, x_m$ 是它的一组生成元. 于是 G_{tor} 的每个元素都可以用这组生成元来表示. 由于这些生成元的阶都是有限的, 所以, G_{tor} 是一个有限 Abel 群.

由定理 4.3.2, 若 G_{tor} 的阶为 $\mu = p_1^{e_1} \cdots p_n^{e_n}$, 这里 p_i, $i = 1, \cdots, n$, 为不同素数, 则 G_{tor} 可分解为

$$G_{\text{tor}} = G_{p_1} \oplus \cdots \oplus G_{p_n},$$

这里 $G_{p_i} = \{v \in G_{\text{tor}} \mid p_i^{e_i} v = 0\}$, 即 G_{p_i} 为 G_{tor} 的阶为 $p_i^{e_i}$ 的子群, 即 G_{p_i} 为 G_{tor} 的 Sylow p_i- 子群, $i = 1, \cdots, n$.

这里要注意的是: 对于有限 Abel 群 G 有两个阶的概念, 其一指 $|G|$ (即 G 中元素的个数), 其二是指 G 作为 $\mathbf{Z}$- 模的零化子的生成元. 一般而言, 这两个阶是不同的. 在上一段话中的阶是指后者. (回顾群 G 的 Sylow p- 子群是指 G 的阶为 p^m 的子群, 其中 $p^m \| |G|$, 且 $p^{m+1} \nmid |G|$. Sylow p- 子群总存在, 因此在上段中 G_{p_i} 必是 G_{tor} 的 Sylow p_i- 子群.)

由定理 4.3.3, 有限 Sylow p_i- 子群, p_i 为素数, $i = 1, \cdots, n$, 又可以分解成一些循环 p_i- 子群的直和, 即

$$G_{p_i} = G_{i,1} \oplus \cdots \oplus G_{i,k_i}, \qquad i = 1, \cdots, n,$$

这里 $G_{i,j}$ 为阶为 $p_i^{e_{i,j}}$ 的循环 p_i- 子群, $j = 1, \cdots, k_i$, 且满足

$$e_i = e_{i,1} \geq e_{i,2} \geq \cdots \geq e_{i,k_i}.$$

等价地为

$$p_i^{e_{i_k}} \mid p_i^{e_{i_{k-1}}} \mid \cdots \mid p_i^{e_i}, \qquad i = 1, \cdots, n.$$

归纳起来, 有以下的定理.

定理 5.6.1 (有限生成的 Abel 群的分解定理)　　若 G 是一个有限生成的 Abel 群, 则 G 可以分解成 r 个无限循环子群及一些有限循环 p_i-子群的直和. r 和有限循环 p_i-子群的阶 $p_i^{e_{i,j}}$, $j = 1, \cdots, k_i$, $i = 1, \cdots, n$, 是 G 上一组完全不变量, 即两个有限生成 Abel 群同构当且仅当它们的不变量完全相同.

这就是第四讲中主理想整环上有限生成模的分解定理译成有限生成 Abel 群时的语言. 可以看出, 这完全解决了有限生成 Abel 群的分类问题.

当然这些内容不属于线性代数的范围, 所以作为附记, 用以显示模理论的有力作用.

参 考 文 献

1　聂灵沼，丁石孙. 代数学引论 (第二版). 北京：高等教育出版社，2000

2　刘绍学. 近世代数基础. 北京：高等教育出版社， 1999

3　莫宗坚，蓝以中，赵春来. 代数学. 北京：北京大学出版社， 1986

4　许以超. 代数学引论. 上海：上海科学技术出版社， 1965

5　北京大学数学系几何与代数教研室前代数小组. 高等代数 (第三版). 北京：高等教育出版社， 2003

6　李炯生，查建国. 线性代数. 合肥：中国科学技术大学出版社，1989

7　Jacobson N. Basic Algebra I. San Francisco:W.H.Freeman and Company, 1985

8　Hungerford T W. Algebra, GTM 73. Springer-Verlag, 1974

9　Roman S. Advanced Linear Algebra, GTM 135. Springer-Verlag, 1992

10　Blyth T S. Module theory-An Approach to Linear Algebra. London: Oxford University Press, 1990